한국의 검역상 중요한

과실파리 등급분류 제안 및 도해집

한호연·노경의 공저

홍릉과학출판사

머리말

과실파리과는 전 세계적으로 4,700 종 이상이 기록되어 있는 방대한 분류군이며, 수많은 농업해충들을 포함하고 있습니다. 특히 농작물의 검역적인 측면에서 볼 때, 모든 해충 분류군들 중에서 단연 가장 중요한 과로 손꼽히고 있습니다. 한국에서도 농림축산검역본부가 현재 금지해충으로 규정하고 있는 62종의 곤충들 중에서 놀랍게도 과실파리가 44종으로 7할 이상을 차지하고 있습니다. 과실파리들은 국제적인 교역이 활발한 과실류들을 많이 가해하며, 단 한 마리의 과실파리 유충이 수입과실의 검역과정에서 발견이 되더라도 교역에 큰 차질을 빚을 수 있는 잠재성을 항상 안고 있습니다. 외국의 경우, 특히 오리엔탈과실파리와 지중해과실파리는 과실의 수출입 과정을 통해 많은 지역으로 침투하여 엄청난 경제적인 손실을 끼친 기록들이 있습니다. 이 외에도 많은 과실파리들이 검역의 실패로 인해 원서식지의 범위를 넘어 새로운 지역에 침투 또는 정착한 예들이 무수히 많습니다. 게다가 과실파리과의 주요 해충들은 다양한 숙주를 가해하는 다식성을 보이는 종들이 많아, 침투한 새로운 지역에 정착할 가능성이 매우 높다고 할 수 있습니다. 과실파리 해충 중에는 그 분포가 한국과 비슷한 온대지역인 것들도 있으며, 최근의 지구 기후변화의 영향으로 열대 및 아열대 기후에서 맹위를 떨치고 있는 주요 검역해충들의 국내 정착 가능성도 배제할 수 없는 상황입니다.

이와 같은 시점에서, 본인들은 최근의 새로운 자료들에 입각하여 한국의 금지 및 관리급 과실파리 목록을 재정비하게 되었습니다. 기존의 목록에는 동물이명으로 처리되어 사용되지 않는 이름도 있으며, 한국자생종, 해충성이 미미한 종, 한국에 정착할 가능성이 거의 없는 종들도 포함되어 있습니다. 게다가 상당수의 중요 해충들은 누락되어 있는 실정입니다. 결과적으로 금지급 60종 관리급 9종으로 재편된 과실파리 검역해충 목록안을 제시하게 되었으며, 이들의 원활한 동정을 위하여 모든 종들을 포함하는 도해집을 제작하였습니다. 본 목록안과 도해집이 앞으로 농림축산검역본부에서 금지 및 관리급 과실파리 목록을 공식적으로 개편하는데 중요한 참고자료가 되기를 바라 마지않습니다.

2019년 12월 20일

한호연 · 노경의

차례

차례

서론

과실파리과(Family Tephritidae)는 현재 전 세계적으로 4,700 종 이상이 기록되어 있으며, 이들은 다시 6 아과, 28 족, 500여 속으로 분류되고 있다(Norrbom et al., 1999; Catalogue of Life as of November, 2019 - www.catalogueoflife.org). 그러나 과실파리과에 속하는 신종들이 매년 빠른 속도로 보고되고 있으며, 분자 및 생태정보와 형태적인 분류형질들을 통합하는 새로운 계통학적 접근을 통하여 상위분류체계 및 각 종의 범위가 지속적으로 개정되고 있다(Han & Ro, 2005, 2016). 결국 실제 지구상에 서식하는 과실파리과 곤충들은 최소 15,000 종 이상이 될 것으로 추측할 수 있다.

과실파리과 중에서 상당수의 종들은 농업적으로 중요한 해충들로 알려져 있으며, White & Elson-Harris (1992)는 약 250 종을 농업해충으로 추산하였다. 그 후 Drew & Romig (2010), Vargas et al. (2015), Plant Health Australia (2016)는 이 중에서도 특히 검역적으로 중요한 종들을 선별하였으며, 이를 한국의 금지 및 관리 해충목록(농림축산검역본부 - www.qia.go.kr)과 비교하여 종합하면 전 세계적으로 101 종의 과실파리들을 주요검역해충으로 분류할 수 있다.

주요 검역해충 중에서도 특히 6개 속(*Bactrocera, Zeugodacus, Dacus, Ceratitis, Anastrepha, Rhagoletis*)이 95 종으로 압도적인 다수를 차지하고 있다. 이 중에서 가장 많은 검역해충을 포함하는 속은 동남아시아 및 호주에 주로 분포하는 *Bactrocera*로서 현재까지 370 종이 기록되어 있으며, 이들 가운데 57 종이 주요 검역해충으로 분류될 수 있다. 또한 최근에 *Bactrocera*의 아속에서 독립된 속으로 승격된 *Zeugodacus* 역시 동남아시아 및 호주에 주로 분포한다(Virgilio et al., 2015). 이들은 현재 192 종이 알려져 있으며(De Meyer et al., 2015), 15 종의 주요 검역해충이 포함되어 있다. *Dacus*속은 주로 아프리카에 분포하는 분류군으로서 현재 300 종이 알려져 있으며, 3 종의 주요 검역해충이 포함된다. *Ceratitis*속은 주로 아프리카에 분포하는 분류군으로서 현재 92 종이 알려져 있으며, 3 종의 주요 검역해충이 포함된다. *Anastrepha*속은 주로 중남미에 분포하는 분류군으로서 현재 206 종이 알려져 있으며, 9 종의 주요 검역해충이 포함된다. *Rhagoletis*속은 주로 구북구에 분포하는 분류군으로서 현재 68 종이 알려져 있으며, 8 종의 주요 검역해충이 포함된다. 이 외에 *Carpomya, Euleia, Euphranta, Monacrostichus, Plioreocepta, Zonosemata*속이 각각 1 종씩의 검역해충을 포함한다.

현재 한반도에는 57 속 111 종의 과실파리과 곤충이 자생하고 있는 것으로 기록되어 있다(Han & Kwon, 2000; Han, 2019). 다행이 이들 중에서 해충으로 간주될 수 있는 종은 호박과실파리(*Zeugodacus depressus*)와 호박꽃과실파리(*Zeugodacus scutellatus*) 정도이나, 활발한 교역 및 여행의 증가를 통하여 외국산 과실파리 해충의 유입 위험성이 증대되고 있다. 또한 지구 기후변화의 영향으로 열대 및 아열대 기후에서 맹위를 떨치고 있는 주요 검역해충들의 국내 정착도 배제할 수 없는 상황이다. 따라서 검역적으로 중요한 과실파리해충들의 침입에 대비하여 사전에 다각적인 대응대책을 세워두는 것이 필수적이다(Kim et al,, 2017, 2018, 2019).

농림축산검역본부(www.qia.go.kr)에서는 현재 61 종의 금지해충을 규정하여 주요 검역대상으로 삼고 있으며, 놀랍게도 이들 중 7할인 43 종(동물이명으로 확인된 1 종 제외)이 과실파리과에 속하는 종들이다. 즉 한국의 검역해충 중에서도 과실파리과가 가장 중요한 분류군이라고 할 수 있다. 반면 관리해충으로 규정되어 있는 1,492 종 가운데 단 6 종의 과실파리만이 포함되어 있다. 즉 검역해충으로 부각된 대부분의 과실파리과 곤충들이 금지해충으로 규정되어 있다. 현재의 한국의 금지해충 43 종 가운데 *Bactrocera* 속이 19종, *Zeugodacus*속이 3 종, *Ceratitis* 속이 3 종, *Anastrepha* 속이 9 종, *Rhagoletis* 속이 7 종을 포함되어 있다. 이 외에 *Carpomya* 및 *Zonosemata* 속의 각각 1 종씩이 금지해충이다. 관리해충은 *Acanthiophilus, Bactrocera, Euleia, Euphranta, Plioreocepta, Trupanea* 속의 각 1 종씩이다.

그러나 최근에 주요 과실파리 해충의 연구 및 조사가 많이 이루어졌으며, 수많은 분류군들이 새롭게 기재된 바 있으므로, 한국의 과실파리 검역해충 목록의 수정이 절실한 상황이다. 예를 들면, 기존의 목록에는 동물이명으로 처리되어 더 이상 사용되지 않는 이름도 있으며, 한국자생종, 해충성이 미미한 종, 한국에 정착할 가능성이 거의 없는 종들도 포함되어 있다. 무엇보다도 상당수의 중요 해충들이 누락되어 있는 실정이다. 따라서 본 출판물에서는 최신 문헌에서 얻은 새로운 정보에 입각하여, 과실파리의 위해성을 재조명하는 한편, 현재 농림축산검역본부에 규정되어 있는 금지 및 관리급 과실파리 목록을 재검토하였다. 결과적으로 금지급 60 종 및 관리급 9 종을 포함하는 한국의 검역상 중요한 과실파리의 목록을 재구성할 수 있었다. 이 목록안은 앞으로 농림축산검역본부에서 금지 및 관리급 과실파리 해충 목록을 공식적으로 개편하는데 중요한 참고자료가 되기를 바라는 바이다.

이번에 제시된 검역상 중요한 과실파리 목록에 포함된 종들의 원활한 동정을 위하여 도해집을 제작하였다. 도해집에 포함된 각 종들에 대하여서는 가장 최근의 과실파리 분류체계에 입각하여 학명, 동물이명목록 등을 명시하였으며, 동정에 편리하게 사용할 수 있는 진단형질 및 간단한 기재문을 제공하였다. 국명이 없는 경우, 새로운 이름들을 제시하였으며, 가능한 한 영명에 충실하도록 명명하였다. 대다수의 종들의 경우 저자들이 직접 촬영한 정밀 도판을 포함시켰으며, 필요에 따라 문헌에서 입수한 도판들을 포함시킨 종들도 있다. 진단형질, 기재문, 도판을 교차 비교하면 대부분의 경우 정확한 동정이 가능하다.

본 출판물은 2016년 5월부터 2019년 12월까지 농림축산식품부의 재원으로 농림수산식품기술기획평가원의 수출전략기술개발사업의 지원을 받아 실시된 연구결과의 일환으로 제작되었다(316015-04-2-HD030).

한국의 검역대상 금지 및 관리급 과실파리 등급 재분류

검역상 중요한 한국의 금지 및 관리해충 목록을 최근의 새로운 문헌정보에 입각하여 재구성하였다. 이 작업은 주로 과실파리 해충의 분류 및 생태 관련 종합적인 정보를 포함하는 단행본, 논문, 소프트웨어, 온라인 데이터베이스 등 가장 중요한 자료들을 선별하여 위해성을 검토하였으며, 특히 등급 판단기준에 관련해서는 Vargas et al. (2015)을 많이 참조하였으며, 기주식물의 범위 및 경제성, 과실파리의 분포 및 이동성, 도입 적응성 등을 고려하였다. 정해진 기준에 따른 등급분류 및 순위를 설정하였는데, 등급은 위험도에 따라 금지과실파리는 Ⅰ등급에서 Ⅲ등급까지 분류하는 동시에, 각 종별 개별순위도 부여하였다. 관리급 과실파리는 모두 Ⅳ등급으로 하였으며, 순위의 의미가 거의 없는 관계로 부여하지 않았다. 현재 각 종별로 문헌상으로 획득할 수 있는 관련정보의 양과 질에 큰 차이가 있는 관계로, 측정 자체가 불가능한 정량적인 기준보다는 다음과 같은 정성적인 기준에 입각하여 등급분류를 실시하였다.

- **제Ⅰ등급(금지급): 광범위하게 분포하며 침투성이 큰 다식성 해충, 또는 원 서식범위를 넘어서 이주하여 큰 피해를 주고 있는 협식성 및 단식성 해충. 한국에서 숙주식물이 노지에서 재배되거나 자생하며, 월동 가능성이 높은 종들.**
- **제Ⅱ등급(금지급): 분포범위가 상대적으로 제한되어 있는 다식성, 협식성, 단식성 해충으로서, 다른 지역으로 이주할 위험성이 커지고 있는 종들. 한국에 숙주식물이 노지에서 재배되거나 자생하며 월동가능성이 있는 종들.**
- **제Ⅲ등급(금지급): 상대적으로 해충성이 적은 협식성 및 단식성 과실파리 해충. 한국에 숙주식물이 노지에서 재배되거나 자생하며 월동가능성이 있는 종들.**
- **제Ⅳ등급(관리급): 재배식물에 간혹 발생하는 과실파리로서, 한국에 숙주식물이 노지에서 재배되거나 자생하며 월동가능성이 있는 종들.**

위 기준에 따라 과실파리과 주요 해충들을 상세히 검토하여, 한국에 적용할 수 있는 금지급 및 관리급 과실파리 목록안을 완성하였다. 현재 규정되어 있는 금지 및 관리급 과실파리는 각각 43 종 및 6 종이었으나, 이번에 새롭게 제시된 안에는 금지급이 60 종이며 관리급이 9 종이다. 결과적으로 금지급은 17 종, 관리급은 3 종이 각각 증가하였으며, 내용면에서도 많은 변화가 있었다. 본 초안에서 제시된 60 종의 금지급 과실파리 중에는 37 종이 과거에도 금지급이었고, 2 종이 관리급이었으며, 21 종이 새롭게 금지급으로 제시되었다. 또한 9 종의 관리급 과실파리 중에는 2 종만이 과거의 관리급이었고, 1 종은 금지급에서 관리급으로 격하되었고, 나머지 6 종은 새롭게 관리급으로 제안되었다. 따라서 과거에 금지급이었던 5 종과 관리급이었던 2 종은 목록에서 제거하였으며 그 근거를 표2에 제시하였다.

본 등급분류의 내용은 이미 본인들 중 한호연이 저자로 참여한 "주요 금지급 과실파리 침입대비 위기대응매뉴얼 I~III"(Kim et al., 2017, 2018, 2019)을 통하여 출판이 되었으나, 본 도해집의 기반이 되는 필수적인 내용이기 때문에 종합 및 약간의 수정을 거친 후 다시 싣게 되었다. 그리고 국명들 중에서 신칭 또는 개칭으로 위기대응매뉴얼들에서 이미 표시하였던 것들은 편의상 다시 반복하여 수록하였다. 따라서 본 출판물의 등급분류 내용을 최신판으로 간주하여 참고하기를 바라는 바이다.

▌표 1▌검역대상 금지 및 관리급 과실파리 등급분류안 (I~III: 금지급, IV: 관리급).

등급	순위	종 명	기존등급	등급분류 근거
금지 I	1	*Bactrocera dorsalis* (Hendel, 1912) 오리엔탈과실파리	금지	많은 국내 재배작물을 포함하는 다양한 식물종들을 가해하며, 분포범위가 동남아시아 전역에서 아프리카까지로 매우 넓은 대표적인 검역해충이다. 많은 지역에 도입된 사례들이 있으며, 한국에서도 예찰활동을 통하여 자주 확인되는 종이다. 다행이 아직 정착된 개체군은 없는 것으로 사료된다. *Bactrocera dorsalis*는 변이가 매우 심해서 과거에는 *B. papayae, B. philippinensis, B. invadens*로 구분되기도 했으나, 현재는 이들이 독립된 종이 아니라 오리엔탈과실파리의 지역적인 변이체들로 간주되고 있다(Schutze et al., 2015).
금지 I	2	*Ceratitis capitata* (Wiedemann, 1824) 지중해과실파리	금지	북아프리카 원산이나 전 세계 많은 지역에 도입이 된 바 있는 매우 중요한 검역해충이다. 국내 작물로는 귤, 고추, 사과, 다양한 핵과류 등을 가해할 수 있다.
금지 I	3	*Bactrocera tryoni* (Froggatt, 1897) 퀸즐랜드과실파리	금지	많은 국내 작물을 포함하는 다양한 식물종을 가해하는 다식성 해충이다. 원서식지인 호주에서 다양한 지역으로 도입된 기록이 있는 위험한 검역해충이다
금지 I	4	*Bactrocera carambolae* Drew & Hancock, 1994 카람볼라과실파리	금지	악명 높은 *B. dorsalis*와 구분하기 매우 힘들며, 동남아시아에서 분포범위가 중첩된다. 브라질 등 남미에 도입된 바 있으며, 카람볼라, 귤류, 대추 등 다양한 열대작물을 가해하는 다식성 해충이다.
금지 I	5	*Bactrocera zonata* (Saunders, 1842) 복숭아과실파리	금지	인도에서 베트남까지 광범위하게 분포하며, 다양한 작물을 가해하는 다식성 해충이다. 지역에 따라서는 오리엔탈과실파리보다 해충성이 큰 곳도 있다. 국내 작물로는 귤류와 복숭아 등이 위험하며, 사과, 토마토, 가지, 감자도 가해한 외국의 사례가 있다.
금지 I	6	*Bactrocera correcta* (Bezzi, 1916) 구아바과실파리	금지	인도에서 중국 남서부까지 널리 분포하며, 다양한 식물을 가해하는 다식성 해충이다. 국내 작물로는 귤류, 양벚나무, 대추 등을 가해할 수 있다.
금지 I	7	*Zeugodacus cucurbitae* (Coquillett, 1899) 오이과실파리	금지	인도에서 동남아시아까지 넓게 분포하며, 다양한 지역으로 도입되었다. 박과식물을 가해하는 과실파리 중에서 가장 위험한 해충이며, 박과식물 외에도 11개 식물의 과를 가해한 기록도 있다.
금지 I	8	*Bactrocera neohumeralis* (Hardy, 1951) 작은퀸즐랜드과실파리	금지	호주, 파푸아뉴기니에 분포하며 매우 다양한 과를 가해하는 다식성 해충이다. 국내 작물로는 귤류, 복숭아, 자두, 살구, 배, 대추 등을 가해할 수 있다.
금지 I	9	*Bactrocera latifrons* (Hendel, 1915) 남방고추과실파리(신칭)	금지	동양구에 널리 분포하는 협식성 해충이나, 국내 주요 작물인 고추, 가지, 토마토를 가해하므로 주의할 필요가 있다.
금지 I	10	*Bactrocera tsuneonis* (Miyake, 1919) 일본귤과실파리(개칭)	금지	일본 남부(큐슈까지)와 중국 남서부에 분포하는 협식성 해충으로, 주로 귤류를 가해한다. 그 분포범위로 볼 때, 도입 시 제주도에서 월동 가능성이 있는 검역해충이다.

등급	순위	종 명	기존등급	등급분류 근거
금지 I	11	*Bactrocera minax* (Enderlein, 1920) 중국귤과실파리	금지	인도 동부에서 중국 남서부까지 분포하는 협식성 해충으로, 주로 귤류를 가해한다. 그 분포범위로 볼 때, 도입 시 제주도에서 월동 가능성이 있는 검역해충이다.
금지 I	12	*Bactrocera jarvisi* (Tryon, 1927) 자비스과실파리	금지	호주에 광범위하게 분포하며 다양한 작물을 가해하는 다식성 해충이다. 국내 작물로는 복숭아, 자두, 배, 귤류 등을 가해할 수 있다.
금지 I	13	*Bactrocera aquilonis* (May, 1965) 노던준주과실파리(신칭)	금지	호주에 분포하며, Vargas (2015)는 *B. tryoni*의 동물이명으로 추정하였다. 분류학적 문제가 해결될 때까지 주요 검역해충인 *B. tryoni*에 준하여 취급할 필요가 있다.
금지 I	14	*Anastrepha suspensa* (Loew, 1862) 카리브해과실파리	금지	카리브해의 섬들에 분포하며, 미국 플로리다까지 도입된 바 있다. 다양한 작물을 가해하는 다식성 해충이며, 국내 작물로는 복숭아를 가해할 수 있다.
금지 I	15	*Anastrepha fraterculus* (Wiedemann, 1830) 남미과실파리	금지	미국 남부와 중남미에서 다양한 식물을 가해하는 다식성 해충이며, 국내 작물로는 귤, 체리, 복숭아 등을 가해할 수 있다.
금지 I	16	*Bactrocera frauenfeldi* (Schiner, 1868) 망고과실파리	금지	파푸아뉴기니 등지에 널리 분포하며 호주로 도입된 바 있다. 20개가 넘는 식물의 과를 가해하는 다식성 해충이며, 국내 작물로는 귤류 등을 가해할 수 있다.
금지 I	17	*Anastrepha ludens* (Loew, 1873) 멕시코과실파리	금지	남미에서 미국의 텍사스 주까지 분포한다. 다양한 식물을 가해하는 다식성 해충이며, 국내 작물로는 귤, 복숭아 등을 가해할 수 있다.
금지 I	18	*Zeugodacus tau* (Walker, 1849) 타우과실파리(신칭)	금지	인도에서 동남아시아 및 중국 남서부까지 널리 분포한다. 주로 박과식물의 과실을 가해하나, 다른 8개 식물의 과를 가해한 기록이 있는 적응성이 뛰어나며 흔한 해충이다.
금지 I	19	*Carpomya pardalina* Bigot, 1891 러시아참외과실파리	금지	이집트와 코카서스지방에서 인도 서부까지 분포하며 오이와 참외, 수박의 해충이다. 분포 기후대로 볼 때, 침입 시 국내에 정착할 위험성이 높다.
금지 I	20	*Ceratitis rosa* Karsch, 1887 나탈과실파리	금지	아프리카에 분포한다. 19개 과의 다양한 숙주식물을 가지는 다식성 해충이나 같은 속의 지중해과실파리 만큼은 적응성이 뛰어나지 않다. 국내 작물로는 귤류, 복숭아 등을 가해할 수 있다.
금지 I	21	*Rhagoletis pomonella* (Walsh, 1867) 사과과실파리	금지	북미에서 사과의 주요 해충이다. 분포지역의 기후가 한국과 유사하므로, 도입 시 쉽게 정착 가능한 위험해충으로 사료된다.
금지 I	22	*Zeugodacus cucumis* (French, 1907) 호주오이과실파리(신칭)	금지	호주 동부에 분포하며, 오이나 박과식물의 주요 해충이다. 토마토 등 다른 식물들을 가해한 기록도 있다.
금지 II	23	*Bactrocera kraussi* (Hardy, 1951) 크라우스과실파리(신칭)	금지	호주 동북부에 분포하는 주요 다식성 해충이다. 국내 작물로는 귤류를 가해할 수 있다.
금지 II	24	*Bactrocera curvipennis* (Froggatt, 1909) 뉴칼레도니아과실파리(신칭)		뉴칼레도니아에 제한적으로 서식하나, 20개 식물과를 가해는 중요한 다식성 해충이다. 국내 작물로는 귤류를 가해할 수 있다.

등급	순위	종 명	기존등급	등급분류 근거
금지 II	25	*Bactrocera facialis* (Coquillett, 1909) 통가과실파리(신칭)		통가에 제한적으로 서식하나, 피망고추, 귤류를 비롯한 11개 식물과를 가해하는 다식성 해충이다.
금지 II	26	*Bactrocera kirki* (Froggatt, 1911) 키르크과실파리(신칭)		사모아, 통가, 타히티 등 남태평양의 섬들에 분포하는 심각한 다식성 해충으로 국내 작물로는 귤류 등을 가해할 수 있다.
금지 II	27	*Bactrocera psidii* (Froggatt, 1899) 남태평양과실파리(신칭)		뉴칼레도니아에 분포하며, 많은 작물을 가해하는 심각한 다식성 해충이다, 국내 작물로는 귤류를 가해할 수 있다.
금지 II	28	*Bactrocera melanotus* (Coquillett, 1909) 쿡제도과실파리(신칭)		남태평양의 쿡제도에만 분포하며, 파파야와 귤류를 가해하는 심각한 해충이다. 다식성 해충이므로 검역적으로 주의할 필요가 있다.
금지 II	29	*Bactrocera passiflorae* (Froggatt, 1911) 피지과실파리		캐슈넛, 파파야, 귤류, 가지, 아보카도를 비롯한 많은 숙주식물을 가해하는 주요 해충이다. 피지와 인근 도서에만 분포하나, 다식성 해충이므로 검역적으로 주의할 필요가 있다.
금지 II	30	*Bactrocera trilineola* Drew, 1989 바누아투과실파리(신칭)		바누아투에 서식하며 망고 등 다양한 작물을 가해하는 주요해충이다. 국내 노지작물의 해충으로 알려져 있지는 않으나, 다식성이므로 검역적으로 주의할 필요가 있다.
금지 II	31	*Bactrocera xanthodes* (Broun, 1904) 섬과실파리(신칭)		남태평양의 피지나 사모아 등의 섬에 분포한다. 빵나무의 주요해충으로 알려져 있으나, 20개 식물과를 가해한 기록이 있다. 다식성 해충이므로 검역적으로 주의할 필요가 있다.
금지 II	32	*Bactrocera bancroftii* (Tryon, 1927) 뽕나무과실파리(신칭)		호주와 파푸아뉴기니에 분포하며, 뽕나무류를 가해하는 협식성해충이다. 국내 작물로는 뽕나무나 구찌뽕나무의 열매를 가해할 위험성이 있다.
금지 II	33	*Bactrocera caryeae* (Kapoor, 1971) 인도귤과실파리(신칭)		6개 식물의 과에 속하는 과실을 가해하는 협식성 해충이다. 한국 재배식물종류 중에서는 귤류를 가해하므로 주의할 필요가 있다.
금지 II	34	*Bactrocera occipitalis* (Bezzi, 1919) 필리핀귤과실파리(신칭)		귤규, 구아바, 망고 등을 가해하는 협식성 해충이다. 한국 재배식물로는 귤류를 가해하므로 주의할 필요가 있다.
금지 II	35	*Bactrocera trivialis* (Drew, 1971) 뉴기니과실파리(신칭)	금지	뉴기니에 주로 서식하며 10개 식물과를 가해한 기록이 있는 협식성 해충이다. 한국 재배식물로는 고추, 복숭아를 가해할 수 있다.
금지 II	36	*Anastrepha obliqua* (Macquart, 1835) 서인도제도과실파리(신칭)	금지	중남미에서는 망고나 구아바를 주로 가해하는 비교적 경미한 해충으로 알려져 있으나, 그 외에도 다양한 숙주식물의 기록이 있다. 다식성 해충이므로 검역적으로 주의할 필요가 있다.
금지 II	37	*Anastrepha serpentina* (Wiedemann, 1830) 사포테과실파리	금지	미국 남부에서 중남미까지 분포하며, 국내 작물로는 귤류를 가해할 가능성이 있다. 일반적으로 심각한 해충으로는 취급되지는 않으나, 다식성 해충이므로 검역적으로 주의할 필요가 있다.

등급	순위	종 명	기존등급	등급분류 근거
금지 II	38	*Rhagoletis cingulata* (Loew, 1862) 체리과실파리	금지	북미에서 양벚나무 열매를 가해하는 주요 해충이며, 분포구역의 기후가 한국과 유사하므로 침입 시 정착할 확률이 크다. 실제로 스위스와 이태리에 정착하였다.
금지 II	39	*Rhagoletis cerasi* (Linnaeus, 1758) 유럽양벚과실파리	금지	유럽에서 양벚나무 열매를 가해하는 주요 해충이며, 분포구역의 기후가 한국과 유사하므로 침입 시 정착할 확률이 크다.
금지 II	40	*Rhagoletis completa* Cresson, 1929 남방호두과실파리(신칭)	금지	멕시코와 미국(미네소타 남쪽) 원산으로 유럽 남부에 정착한 기록이 있다. 한국 남부에도 정착이 가능한 해충으로 사료된다. 실제로 스위스와 이태리에 정착하였다.
금지 II	41	*Dacus ciliatus* Loew, 1862 에티오피아과실파리		박과식물(열매)을 가해한다. 아프리카 원산이나, 중동이나 인도, 파키스탄 등지에 도입이 되었으므로 침투성이 높은 해충이다.
금지 III	42	*Zeugodacus diversus* (Coquillett, 1904) 남방호박꽃과실파리(신칭)		박과식물(꽃)을 가해하며 분포범위가 넓어 파키스탄에서 중국 남서부까지 서식한다. 도입 시 제주도의 박과식물을 가해할 가능성이 있다.
금지 III	43	*Bactrocera pyrifoliae* Drew & Hancock, 1994 태국복숭아과실파리(신칭)		베트남과 태국의 북부에 서식하며 주로 핵과류를 가해하는 해충이다. 한국에서는 복숭아, 배 등을 가해할 위험이 있다.
금지 III	44	*Bactrocera bryoniae* (Tryon, 1927) 오주고추과실파리(신칭)		바나나, 고추 등을 가해하는 협식성 해충이며, 파푸아뉴기니 및 호주, 비스마르크 군도에만 분포한다. 고추를 가해하는 해충이므로 주의할 필요가 있다.
금지 III	45	*Bactrocera halfordiae* (Tryon, 1927) 할포디아과실파리	금지	호주 서부에 분포하며 귤류 등을 가해하는 협식성 해충이다.
금지 III	46	*Zeugodacus decipiens* (Drew, 1972) 파푸아호박과실파리(신칭)		파푸아뉴기니의 뉴브리튼섬으로 분포가 제한된 편이나, 도입 시 제주도에서 재배하는 박과식물을 가해할 가능성이 있다.
금지 III	47	*Zeugodacus scutellaris* (Bezzi, 1913) 동남아호박꽃과실파리(신칭)		박과식물의 꽃을 가해하며 분포범위가 넓어 중국 남서부까지 서식한다, 도입 시 제주도의 박과식물을 가해할 가능성이 있다.
금지 III	48	*Dacus solomonensis* Malloch, 1939 솔로몬호박과실파리(신칭)		솔로몬군도 및 부건빌섬에 분포하며, 호박이나 오이를 가해하는 해충이다.
금지 III	49	*Zeugodacus strigifinis* (Walker, 1861) 오주호박꽃과실파리(신칭)		인도네시아, 파푸아뉴기니, 호주 등지에서 박과식물의 꽃을 가해하며, 도입 시 제주도의 박과식물을 가해할 가능성이 있다.
금지 III	50	*Zeugodacus triangularis* (Drew, 1968) 뉴기니호박꽃과실파리(신칭)		뉴기니의 비스마르크제도에 분포하며 박과식물의 꽃을 가해한다. 도입 시 제주도의 박과식물을 가해할 가능성이 있다.
금지 III	51	*Bactrocera oleae* (Rossi, 1790) 올리브과실파리	관리	올리브류의 주요 해충이며, 제주도에서도 올리브의 재배가 시작되었으므로 금지해충으로 격상할 필요가 있다.

등급	순위	종 명	기존등급	등급분류 근거
금지 Ⅲ	52	*Bactrocera musae* (Tryon, 1927) 바나나과실파리		바나나의 주요 해충이나, 9개 식물과의 다양한 종들을 가해한 기록이 있어 주의가 요망된다.
금지 Ⅲ	53	*Plioreocepta poeciloptera* (Schrank, 1776) 아스파라거스과실파리(신칭)	관리	유럽에서 아스파라거스의 주요 해충이다. 한국에서 아스파라거스 재배가 증가추세이며, 온대지역 분포 해충이므로 금지과실파리로 격상할 필요가 있다.
금지 Ⅲ	54	*Rhagoletis indifferens* Curran, 1932 서부양벚과실파리	금지	북미에서 양벚나무 열매의 주요 해충이다. 스위스에 침입 및 정착했던 기록이 있으며, 한국과 비슷한 분포기후대를 가지므로 주의할 필요가 있다.
금지 Ⅲ	55	*Rhagoletis fausta* (Osten Sacken, 1877) 블랙체리과실파리	금지	북미에서 양벚나무 열매의 주요 해충이다. 한국과 비슷한 분포기후대를 가지므로 주의할 필요가 있다.
금지 Ⅲ	56	*Rhagoletis suavis* (Loew, 1862) 호두과실파리(신칭)	금지	북미에 분포하며 해충성은 남방호두과실파리에 못 미치나, 한국과 비슷한 분포기후대를 가지므로 주의할 필요가 있다.
금지 Ⅲ	57	*Anastrepha striata* Shiner, 1868 신세계구아바과실파리(신칭)	금지	중남미에서는 구아바의 해충으로 알려져 있으며, 그 외에도 다양한 식물을 가해한 기록이 있다. 한국의 노지재배되는 식물종을 가해한 기록은 없으나 다식성 해충이므로 가해할 수 있다.
금지 Ⅲ	58	*Bactrocera tuberculata* (Bezzi, 1916) 중국망고과실파리(신칭)	금지	중국남부와 버마에 분포하며 8개 식물과를 가해한 기록이 있는 협식성 해충이다. 주로 망고와 파파야의 중요성이 비교적 적은 해충으로 알려져 있다.
금지 Ⅲ	59	*Zonosemata electa* (Say, 1830) 고추과실파리	금지	북미에 분포하며 고추 및 가지를 간혹 가해하는 해충으로 알려져 있다. 한국과 비슷한 분포기후대를 가지므로 주의할 필요가 있다.
금지 Ⅲ	60	*Ceratitis quinaria* (Bezzi, 1918) 닷점박이과실파리(신칭)	금지	아프리카에 분포하며 주요 해충으로 인식된 적은 없으나, 한국 도입 시 살구, 복숭아, 귤류를 가해할 수 있다.
관리 Ⅳ	무	*Bactrocera albistrigata* (Meijere, 1911) 동남아망고과실파리(신칭)		동남아에 분포하며, 한국에서 노지재배되는 작물종을 가해한 기록은 없다. 그러나 6개의 식물과를 가해한 기록으로 볼 때, 협식성과 다식성의 중간 위치를 차지하므로 주의할 필요가 있다.
관리 Ⅳ	무	*Zeugodacus atrisetosus* (Perkins, 1939) 남방호박과실파리(신칭)		파푸아뉴기니에서 주로 박과식물을 가해하는 해충이며, 도입 시 제주도의 박과식물을 가해할 가능성이 없지 않다.
관리 Ⅳ	무	*Zeugodacus caudatus* (Fabricius, 1805) 열대호박꽃과실파리(신칭)		인도에서 대만까지 널리 분포하며, 박과식물을 가해한다. 도입 시 제주도의 박과식물을 가해할 가능성이 없지 않다.
관리 Ⅳ	무	*Zeugodacus hochii* (Zia, 1936) 수세미과실파리(신칭)		동남아에 분포하며, 수세미를 비롯한 3종의 박과식물을 가해하는 것으로 알려져 있다.
관리 Ⅳ	무	*Zeugodacus mundus* (Bezzi, 1919) 애호박과실파리(신칭)		대만과 필리핀에 분포하며, 애호박류를 가해한다.
관리 Ⅳ	무	*Anastrepha grandis* (Macquart, 1846) 남미호박과실파리(신칭)		이 종은 현재 금지해충으로 지정되어 있으나, 해충성과 제한된 분포범위로 볼 때, 관리급으로 격하할 필요가 있다. 남미에서 박과식물을 가해하며 분포도 비교적 제한된 편이나, 도입 시 제주도의 박과식물을 가해할 가능성이 없지 않다.

등급	순위	종 명	기존등급	등급분류 근거
관리 IV	무	*Rhagoletis mendax* (Curran, 1932) 블루베리과실파리(신칭)		북미에서 블루베리의 주요 해충이다. 국내의 블루베리 재배농가의 증가에 따라 주목할 필요가 있다. 분포 기후대가 한국과 비슷하므로 도입 시 정착가능성이 높다.
관리 IV	무	*Euleia heraclei* (Linaneus, 1758) 셀러리과실파리(신칭)	관리	분포범위로 볼 때, 도입 시 한국에 정착될 확률이 크다. 일반 작물로는 셀러리를 가해할 수 있으며, 산형과(Apiaceae)에 속하는 당귀 등의 약초들을 가해할 가능성이 있으므로 주의할 필요가 있다. 이 종의 분포범위로 볼 때, 한국에 실제 자생하고 있을 가능성이 있다. 본인들의 경험에 따르면, 이들은 높은 밀도로 서식하는 지역에서도 포충망으로는 매우 드물게 채집되며 박물관에 소장된 표본들은 대부분 숙주식물에서 우화시킨 것들이다.
관리 IV	무	*Euphranta canadensis* (Loew, 1873) 커런트과실파리	관리	국내에서도 커런트류가 재배되며, 같은 속의 까치밥나무가 자생한다. 따라서 북미에 서식하는 이 해충의 도입 시 정착할 가능성이 있으므로, 관리등급을 유지할 필요가 있다.

표 2 국내 검역대상 금지 및 관리 등급에서 제외 후보종.

등급	순위	종 명	기존등급	금지 및 관리등급 제외 근거
무	무	*Anastrepha distincta* Greene,1934 잉가과실파리(신칭)	금지	남미에 분포하는 *Inga* 속 식물을 주로 가해한다. *Inga* 속에는 주요 경제작물들이 포함되나, 한국에서 노지재배하는 작물을 가해한 기록은 없다.
무	무	*Anastrepha pseudoparallela* (Loew, 1873)	금지	미국남부와 중미에서 시계꽃속(*Passiflora* spp.)만을 가해하는 협식성 과실파리로서 한국에서는 검역적으로 위험한 종으로 볼 수 없다.
무	무	*Bactrocera murrayi* (Perkins, 1939)	금지	파푸아뉴기니와 호주에서 망고 및 수리남체리를 가해하며 한국의 노지재배식물에는 위험성이 없는 것으로 사료된다.
무	무	*Bactrocera opiliae* (Drew & Hardy,1981)	금지	호주에 자생하는 *Opilia amentacea*를 가해하는 단식성 과실파리로서, 한국의 노지재배식물에 위험성이 없는 것으로 사료된다.
무	무	*Bactrocera umbrosa* (Fabricius,1805) 빵나무과실파리(신칭)	금지	말레이시아와 필리핀 등지에서 *Artocarpus* 속(빵나무, 잭프루트 등)에 국한하여 가해하는 것으로 알려져 있으므로, 한국의 노지재배식물에 위험성이 없는 것으로 사료된다.
무	무	*Acanthiophilus helianthi* (Rossi,1794) 홍화꽃과실파리	관리	본 종은 한국 분포가 확인되었으므로(Han & Ro, 2018) 관리해충목록에서 제거할 필요가 있다. 유럽 및 중동의 다소 건조한 지역에서 채유용으로 널리 재배하는 잇꽃(= 홍화꽃, *Carthamus tinctorius*)의 주요 해충으로 알려져 있으나, 한국에서는 희귀하며 해충성이 증명되지 않았다.
무	무	*Trupanea pseudovicina* (Hering, 1947)	관리	미국 캘리포니아에서 자생하는 국화과 식물인 *Prophyllum gracile*의 두상화를 섭식한다. 숙주식물이 경제작물이 아니며 한국에 자생하지도 않으므로, 관리해충 목록에서 제외할 필요가 있다.

과실파리과 성충의 외부형태

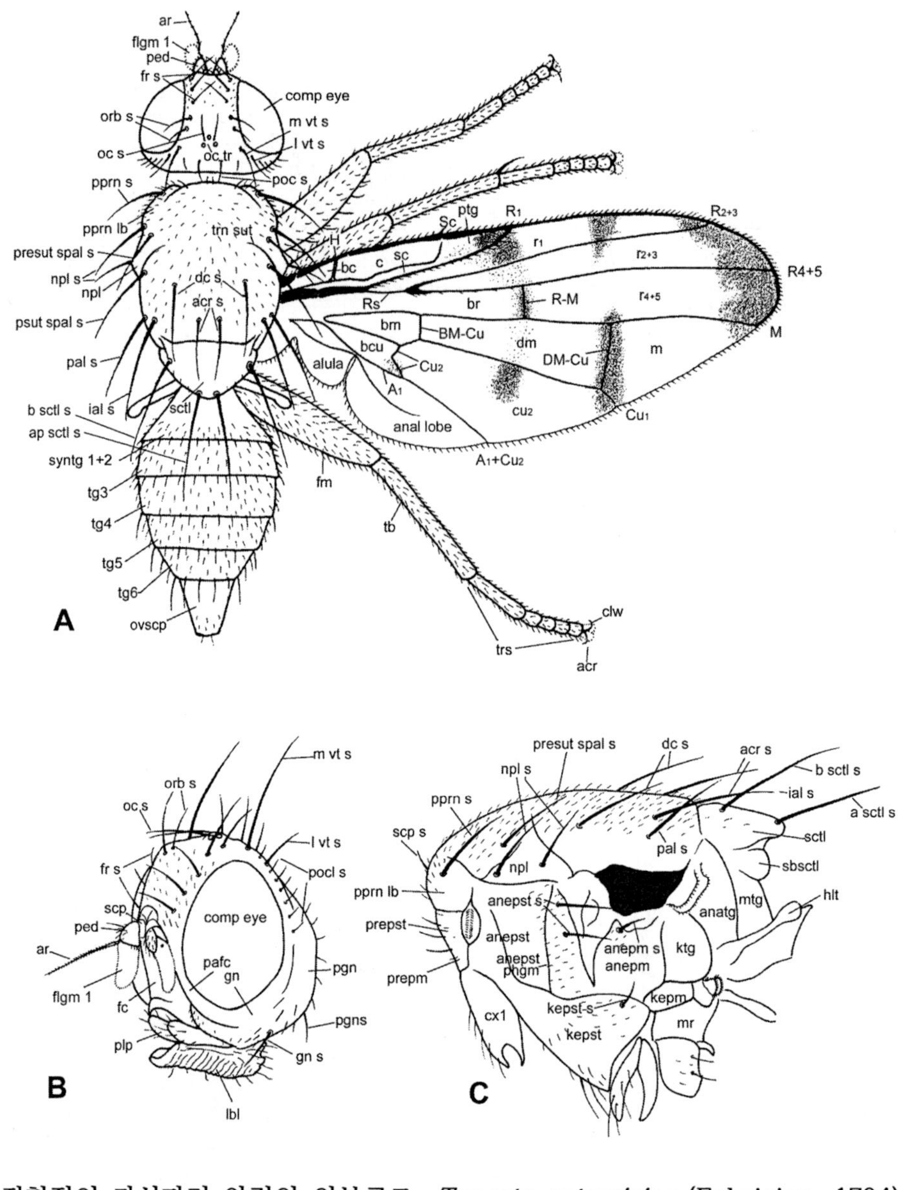

전형적인 과실파리 암컷의 외부구조, ***Trypeta artemisiae*** **(Fabricius, 1794). (A) 몸 등면, (B) 머리 전측면, (C) 가슴 측면.** 영문 용어 및 약어는 White el al. (1999)을 따랐으며, 국문 용어는 Kim (1971)을 기반으로 하여 원어의 뜻에 충실하게 작성하였다.

‖ 표 3 ‖ 과실파리과 성충 외부구조의 약어, 영문 및 국문

Head (머리)

ant = antenna = 더듬이; ar = arista = 더듬이자모; clp = clypeus = 얼굴방패판; comp eye = compound eye = 겹눈; fc = face = 얼굴; fc crn = facial carina = 얼굴중앙돌기; flgm 1 = flagellamere 1 = 제3더듬이마디; fr = frons = 이마; fr s = frontal seta = 이마센털; gn = gena = 뺨; gn = genal seta = 뺨센털; l vt s = lateral vertical seta = 정수리바깥센털; l ocp scl = lateral occipital sclerite = 뒤통수바깥판; lbl = labellum = 라벨룸; m ocp scl = median occipital sclerite = 뒤통수중앙판; m vt s = median vertical seta = 정수리중앙센털; oc = oculli = 홑눈; oc s = ocellar seta = 홑눈센털; oc tr = ocellar triangle = 홑눈삼각돌기; ocp = occiput = 뒤통수; orb plt = orbital plate = 안와판; orb s = orbital seta = 안와센털; p oc s = post ocellar seta = 홑눈뒷센털; p ocl s = post ocular seta = 복안뒷센털; pafc = parafacial area = 얼굴옆판; pavt s = paravertical seta = 정수리옆센털; ped = pedicel = 제2더듬이마디; pgn = post gena = 뒤뺨; pgn s = post genal seta = 뒤뺨센털; plp = palpus = 턱수염; scp = scape = 제1더듬이마디; spc s = supracervical setae = 목윗센털; vt = vertex = 정수리.

Thorax (가슴, 흉부)

acr = acropod = 발목끝마디; acr s = acrostichal seta = 아크로스티칼센털; anatg = anatergite = 후흉상옆등판; anepm = anepimeron = 중흉뒷상옆판; anepm s = anepimeral seta = 중흉뒷상옆판센털; anepst = anepisternum = 중흉앞상옆판; anepst s = anepisternal seta = 중흉앞상옆판센털; ap sctl s = apical scutellar seta = 작은방패판말단센털; b sctl s = basal scutellar seta = 작은방패판기부센털; clw = claw = 발톱; cx = coxa = 밑마디; dc s = dorsocentral seta = 도소센트랄센털; fm = femur = 넓적다리마디; ial s = intra-alar seta = 인트라알라센털; kepm = katepimeron = 중흉뒷하옆판; kepst = katepisternum = 중흉앞하옆판; kepst s = katepisternal seta = 중흉앞하옆판센털; ktg = katatergite = 후흉하옆등판; mr = meron = 중흉뒷옆판; mtg = mediotergite = 후흉중앙등판; npl = notopleuron = 등옆판; npl s = notopleural seta = 등옆판센털; pal s = post-alar seta = 포스트알라센털; pprn lb = postpronotal lobe = 어깨돌기; pprn s = postpronotal seta = 어깨돌기센털; prepm = proepimeron = 전흉뒷옆판; prepst = proepisternum = 전흉앞옆판; presut spal s = presutural supra-alar seta = 앞수프라알라센털; psut spal s = postsutural supra-alar seta = 뒷수프라알라센털; sbsctl = subscutellum = 작은방패밑판; sct = scutum = 방패판; sctl = scutellum = 작은방패판; tb = tibia = 종아리마디; trc = trochanter = 도래마디; trn sut = transverse suture = 횡단봉합선; trs = tarsus = 발목마디.

Wing venation (시맥상)

A_1 = A_1맥; A_1+Cu_1 = A_1+Cu_1맥; alula = 알룰라; anal lobe = 애널로브; bc = bc맥실; bcu = bcu맥실; bm = bm맥실; BM-Cu = BM-Cu맥; br = br맥실; C = C맥; c = c맥실; Cu_1 = Cu_1맥; Cu_2M = M맥; m = m맥실; ptg = pterostigma = 전연문; R_1 = R_1맥; r_1 = r_1맥실; R_{2+3} = R_{2+3}맥; r_{2+3} = r_{2+3}맥실; R_{4+5} = R_{4+5}맥; r_{4+5} = r_{4+5}맥실; R-M = R-M맥; Rs = Rs맥; Sc = Sc맥; sc = sc맥실.

Abdomen (복부)

abd st = abdominal sternite = 복부배판; abd st# = abdominal sternite # = 제3 복부배판; abd tg = abdominal tergite = 복부등판; abd tg# = abdominal tergite # = 제# 복부등판; acul = aculeus = 산란삽입기; ev memb = eversible membrane = 산란관중앙막; ovpst = ovipositor = 산란관; ovscp = oviscape = 산란통; pect = pecten = 펙텐.

한국의 검역상 중요한 과실파리 도해집

본 과실파리 도해집에는 검역상 중요한 금지급 후보 60 종과 관리급 후보 9 종을 포함하였다(표 1). 또한 한국의 자생 과실파리 중에서도 검역에 관련성이 있다고 판단되는 호박과실파리, 호박꽃과실파리, 녹나무과실파리, 홍화꽃과실파리를 포함하는 총 73 종을 수록하였다. 각 종별 동물이명 목록과 분류체계는 대부분 Norrbom et al. (1999)의 것을 따랐으며, 추가적으로 최근의 분류체계 수정 내용(예, De Meyer et al., 2015)들을 적용시켰다. 동물이명에서 인용된 문헌과 약어는 지면관계상 포함시키지 않았으므로, Norrbom et al. (1999)을 참조해야 한다. 분류군 배열순서는 가장 많은 검역해충을 포함하는 Dacini족을 시작으로, Ceratitidini, Toxotrypanini, Carpomyini족 순으로 배열하였으며, 이 4개 족에 속하지 않는 4 종은 뒤쪽에 알파벳순으로 포함시켰다. 본 도해집에는 각 해충의 종명 및 국명, 동물이명, 검역해충 등급제안, 등급분류의 근거, 기존등급 등을 명시하였으며, 종의 동정에 활용할 수 있는 화상자료 및 진단형질, 간결한 기재문, 종동정시 DNA 바코드 판단기준을 제시하였다. 이 외에 숙주범위, 분포, 유인제 등도 편리하게 참고할 수 있도록 하였다.

1. *Bactrocera* (*Afrodacus*) *jarvisi* (Tryon, 1927)

국명: 자비스과실파리

영명: Javis's fruit fly

아과/족: Dacinae: Dacini

Chaetodacus jarvisi Tryon 1927: 201. — Australia. Queensland: Stanthorpe, 3000 ft. Holotype ♀ QMBA.

Dacus australis var. *halterata* Hendel 1928: 342. — Australia. Queensland: Cairns. Holotype ♀ DEI.

Dacus australis Hendel 1928: 341. — Australia. Northern Territory: Palmerston [Darwin]. Syntype ♂♀ DEI.

Chaetodacus jarvisi var. *careya* Tryon 1927: 202. — Nomen nudum. Australia. Queensland: Bowen, Rockhampton District; & Burnett Heads. Syntype ♂♀ QMBA. Published without diagnosis or indication. Type data (Drew 1989: 21).

검역해충 등급제안: 금지해충 제1급 12위 - **기존등급**: 금지해충

등급분류 근거: 호주에 광범위하게 분포하며 다양한 작물을 가해하는 다식성 해충이다. 국내 작물로는 복숭아, 자두, 배, 귤류 등을 가해할 수 있다.

진단형질: 이 종은 외형적으로 비교적 독특하며, 특히 어깨돌기부터 날개 앞부분까지 넓은 황색 띠가 형성되어 있는 것으로 근연종들과 구분된다.

성충형질: 중형의 *Bactrocera*이다. 얼굴은 황갈색에 1쌍의 타원형 흑색 점이 측면 하단부 가까이 있으며, 3쌍의 이마센털과 1쌍의 안와센털을 갖고 있다. 가슴은 적갈색이고 어깨돌기와 작은방패판은 황색이다. 어깨돌기 바로 뒤쪽에 넓은 황색 띠가 날개 앞부분까지 연결된다. 방패판 횡단봉합선 뒤쪽 양 옆에는 1쌍의 넓은 황색 세로띠가 작은방패판 측면 전방의 인트라알라센털에서 끝나며, 중앙에는 띠가 없다. 가슴의 측판에도 넓은 황색 띠가 방패판의 황색 띠와 연결되어 있다. 작은방패판에는 1쌍의 말단센털이 있다. 다리는 전체적으로 황갈색에서 갈색을 띤다. 날개는 투명하며 좁은 갈색 띠가 전단부를 따라 R_{2+3}맥에서 더 좁아지며, 이후 점차적으로 넓어지다가 R_{4+5}맥을 지나 M맥에 이르기 2/3쯤에서 끝난다. 추가로 bcu 맥실과 A맥을 따라 좁은 갈색 띠가 있다. 복부등판들은 적갈색 바탕이며, 제3등판

전단 1/3을 따라 흑색 가로띠가 있으며 중앙부에서 제5등판 끝까지 뻗어 있는 가는 세로띠와 함께 명확한 T-무늬를 형성한다. 암컷의 산란통은 적갈색이며, 제5등판 길이의 1.5배 정도 된다.

유충형질: White & Elson-Harris (1992) 169쪽 참조.

숙주범위: 호주에서 매우 다양한 작물을 가해하는 다식성 해충 - Anacardiaceae, Annonaceae, Arecaceae, Cactaceae, Caricaceae, Celastraceae, Chrysobalanaceae, Clusiaceae, Combretaceae, Curcurbitaceae, Ebenaceae, Elaeocarpaceae, Lauraceae, Lecythidaceae, Malpighiaceae, Meliaceae, Moraceae, Musaceae, Myrtaceae, Oleaceae, Oxalidaceae, Passifloraceae, Punicaceae, Rosaceae, Rubiaceae, Rutaceae, Sapindaceae, Sapotaceae, Solanaceae [상세한 숙주 목록은 Hancock et al. (2000) 참조].

가해 가능한 국내작물: 복숭아, 자두, 배, 귤류 등. 다식성 해충이므로 다른 작물들도 가해할 수 있다.

분포: 호주 (WA, NT, Qld., NSW, Lord Howe I.).

유인제: Zingerone에 강하게 유인되며, cue-lure에도 약하게 유인됨.

DNA 바코드: 2019년 10월 현재 BOLD 데이터베이스에서 10개의 바코드를 찾을 수 있다. 이들은 바코드 계통분석 시 단일 클러스터를 이루며, 0.5% 이내의 바코드 거리가 일지되는 개제늘로서 농성이 가능하다.

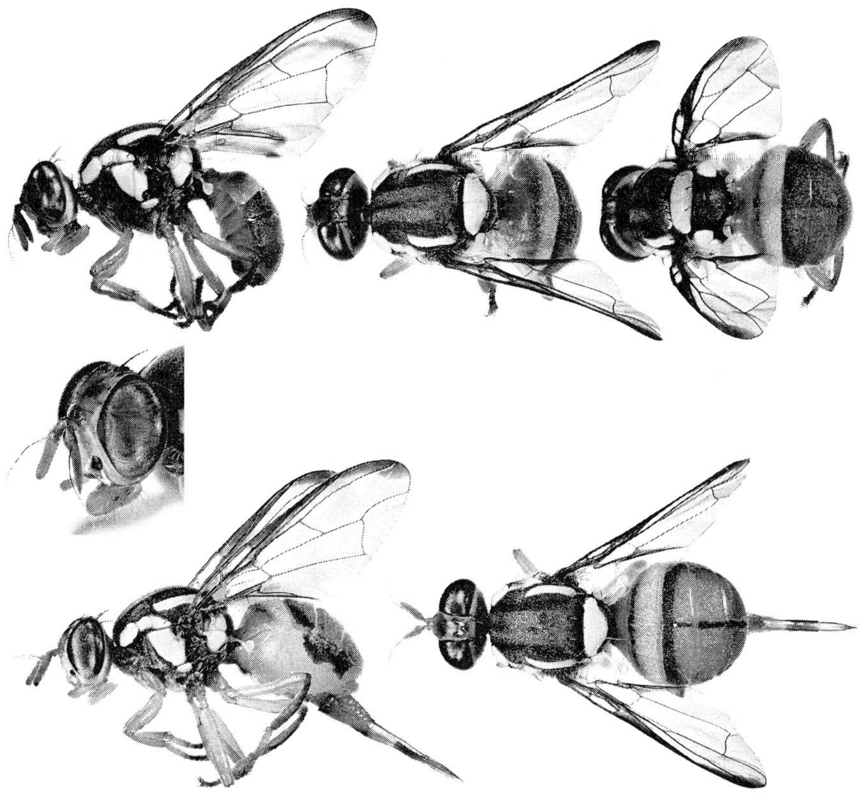

그림 1. 자비스과실파리(*Bactrocera jarvisi*)의 수컷(윗줄 + 머리)과 암컷(아랫줄). Photos by H.-Y. Han.

2. *Bactrocera* (*Bactrocera*) *albistrigata* (Meijere, 1911)

국명: 동남아망고과실파리(신칭)
영명: 없음
아과/족: Dacinae: Dacini

Dacus albistrigatus Meijere 1911: 377. — Indonesia. Java: Batavia [Jakarta]. HT ♀ ZMAN?

검역해충 등급제안: 관리해충 - **기존등급**: 없음

등급분류 근거: 동남아에 분포하며, 한국에서 노지재배되는 작물 종을 가해한 기록은 없다. 그러나 6개의 식물과를 가해한 기록으로 볼 때, 협식성과 다식성의 중간 위치를 차지하므로 주의할 필요가 있다.

진단형질: 이 종의 날개 무늬는 독특하게 3개의 띠가 사선으로 나란히 있으며, 기부의 2개는 갈색, 말단부의 것은 연노란색이다. 이 문양은 *B. frauenfeldi*와 *B. trilineola*의 것과 비슷하나, *B. albistrigata*의 어깨돌기와 작은방패판이 황색이며, 다리가 훨씬 옅은 점으로 쉽게 구분된다.

성충형질: 중형의 *Bactrocera*이다. 얼굴은 황갈색에 1쌍의 타원형 흑색 점이 측면 하단부 가까이 있으며, 2쌍의 이마센털과 1쌍의 안와센털을 갖고 있다. 방패판의 배경 색깔은 흑갈색이며, 횡단봉합선 뒤쪽 양 옆에는 1쌍의 넓은 황색 세로띠가 작은방패판 측면 전방의 인트라알라센털 바로 앞에서 끝나며 중앙에는 황색 띠가 없다. 어깨돌기, 작은방패판, 날개 앞쪽에서 측판 중앙 부근까지 황색이다. 작은방패판에는 1쌍의 말단센털이 있다. 다리는 대부분 황갈색이며, 뒷다리 종아리마디가 갈색을 띤다. 날개는 투명하며 좁은 연갈색 띠가 전연문(pterostigma)부터 전단부를 따라 이어져서 R_{4+5}맥 말단부를 지나 M맥 말단부에서 끝나며 띠의 말단부는 확장되지 않는다. 추가로 bcu맥실과 A맥을 따라 넓은 갈색의 띠가 있다 또한 전연문(pterostigma) 아래부터 R-M맥과 R_{4+5}맥을 따라 사선의 갈색무늬가 있다. 복부등판 1은 흑갈색, 등판 2는 황갈색 바탕에 중앙에 좁은 흑갈색 세로띠가 있다. 제3~5등판은 흑갈색 바탕에 1쌍의 넓은 황갈색 세로띠가 중앙으로 나있다. 암컷의 산란통은 황갈색이며 제5등판 길이보다 약간 짧다.

유충형질: White & Elson-Harris (1992) 174쪽 참조.

숙주범위: Anacardiaceae, Apocynaceae, Combretaceae, Moraceae, Myrtaceae, Verbenaceae.

가해 가능한 국내작물: 한국 노지재배 식물을 가해한 기록은 없으나, 협식성(6개 식물과)이므로 다른 작물의 위해 가능성도 있다.

분포: 인도(안다만섬), 태국 중부와 남부, 말레이시아, 싱가포르, 인도네시아 등지에 분포.

유인제: Cue-lure.

DNA 바코드: 2019년 10월 현재 BOLD 데이터베이스에서 24개의 바코드를 찾을 수 있다. 이들은 바코드 계통분석 시 단일 클러스터를 이루며, 0.5% 이내의 바코드 거리가 일치되는 개체들로서 동정이 가능하다. 바코드 계통분석에 따르면, 형태적으로 유사한 *B. frauenfeldi*와 근연종으로 보인다.

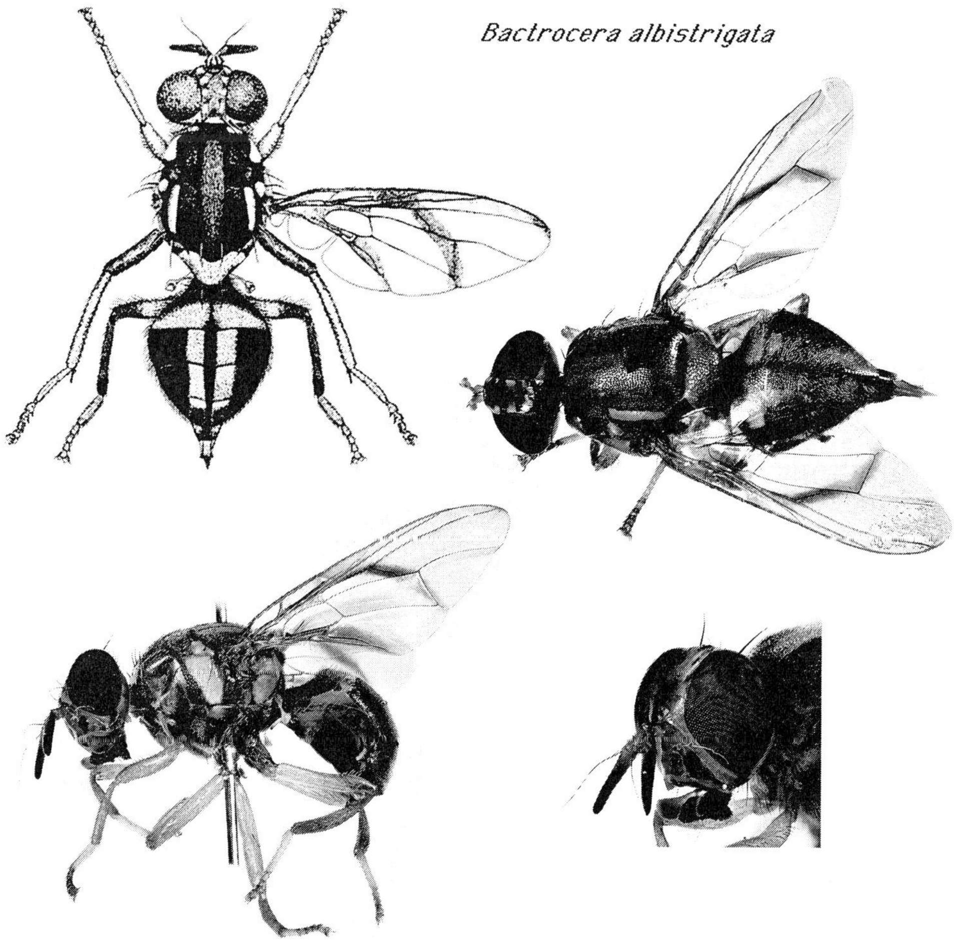

그림 2. 동남아망고과실파리(*Bactrocera albistrigata*) 암컷(윗줄) 및 수컷(아랫줄). Drawing courtesy of Carroll et al., Pest fruit flies of the world, www.delta-intkey.com/ffa/index.htm (as of 2019/11). Photos by H.-Y. Han.

3. *Bactrocera* (*Bactrocera*) *aquilonis* (May, 1965)

국명: 노던준주과실파리(신칭)
영명: Northern Territory fruit fly
아과/족: Dacinae: Dacini

Strumeta aquilonis May 1965: 62. – Australia. Northern Territory: Nightcliff. HT ♂ QMBA.

검역해충 등급제안: 금지해충 제1급 13위 - **기존등급**: 금지해충

등급분류 근거: 호주에 분포하며, Vargas (2015)는 *B. tryoni*의 동물이명으로 추정하였다. 분류학적 문제가 해결될 때까지 주요 검역해충인 *B. tryoni*에 준하여 취급할 필요가 있다.

진단형질: 이 종은 전체적으로 황오렌지 색을 띤다. *B. tryoni*와 비슷하나 복부등판에 어두운 문양이 없는 점으로 구분할 수 있다. 그러나 Vargas et al. (2015)은 이들이 *B. tryoni*의 변이체일 가능성을 지적하였다.

성충형질: 중형의 *Bactrocera*이다. 얼굴은 황갈색에 1쌍의 타원형 흑색 점이 측면 하단부 가까이 있으며, 2쌍의 이마센털과 1쌍의 안와센털을 갖고 있다. 방패판의 배경은 황오렌지색이며, 횡단봉합선 뒤쪽 양 옆에는 1쌍의 넓은 황색 세로띠가 작은방패판 측면 전방의 인트라알라센털 바로 앞에서 끝나며 중앙에는 황색 띠가 없다. 작은방패판과 어깨돌기, 날개 앞쪽에서 측판 중앙 부근까지 황색이다. 작은방패판에는 1쌍의 말단센털이 있다. 다리는 대부분 황갈색이다. 날개는 투명하며 좁은 갈색 띠가 전단부를 따라 이어져서 R_{4+5}맥 말단부를 지나 M맥 말단부에 이르기 2/5쯤 전에 끝나며 띠의 말단부는 확장되지 않는다. 추가로 bcu맥실과 A맥을 따라 넓은 갈색의 띠가 있다. 복부등판들은 오렌지색이며 무늬가 없다. 암컷의 산란통은 복부와 동일하게 황오렌지색이며 제5등판 길이와비슷하다.

유충형질: White & Elson-Harris (1992) 179쪽 참조.

숙주범위: 호주에서 매우 다양한 작물을 가해하는 다식성 해충 - Annonaceae, Arecaceae, Chrysobalanaceae, Combretaceae, Curcurbitaceae, Ebenaceae, Elaeocarpaceae, Euphorbiaceae, Lauraceae, Meliaceae, Myrtaceae, Rosaceae, Rubiaceae, Rutaceae, Santalaceae, Sapotaceae.

가해 가능한 국내작물: 피망, 토마토, 사과, 망고, 복숭아 등. 다식성 해충이므로 다른 작물들도 가해할 수 있다.

분포: 호주 (WA, NT).

유인제: Cue-lure.

DNA 바코드: 2019년 10월 현재 BOLD 데이터베이스에 70개체 이상을 찾을 수 있다. 근연종인 *B. curvipennis B. erubescentis B. melas, B. neohumeralis, B. tryoni* 등과 바코드로 구분되지 않는다. 이들의 종 문제 해결이 선결되어야 할 상황이다.

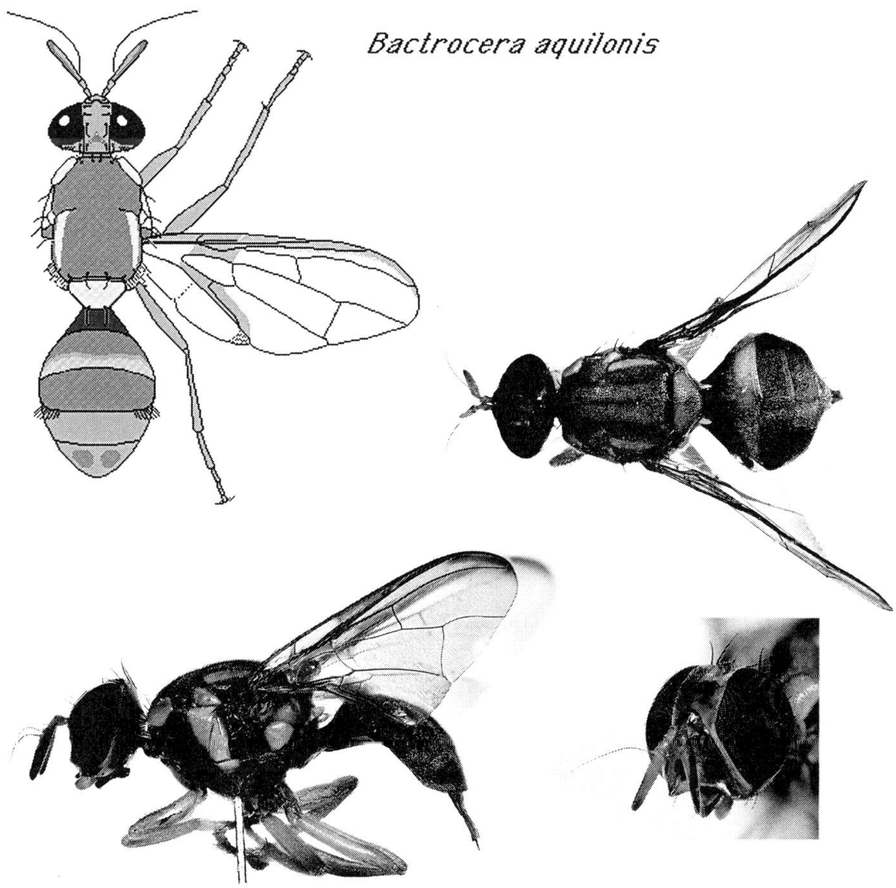

그림 3. 노던준주과실파리(*Bactrocera aquilonis*). Male drawing courtesy of Carroll et al., Pest fruit flies of the world, www.delta-intkey.com/ffa/index.htm (as of 2019/11). Female Photos by H.-Y. Han.

4. *Bactrocera* (*Bactrocera*) *bancroftii* (Tryon, 1927)

국명: 뽕나무과실파리(신칭)

영명: 없음

아과/족: Dacinae: Dacini

Chaetodacus bancroftii Tryon 1927: 199. — Australia. Queensland: Gympie District. LT ♂ QMBA. Lectotype designated by Drew 1989: 92.

검역해충 등급제안: 금지해충 제2급 32위 - **기존등급**: 없음

등급분류 근거: 호주와 파푸아뉴기니에 분포하며, 뽕나무류를 가해하는 협식성해충이다. 국내 작물로는 뽕나무나 구찌뽕나무의 열매를 가해할 위험성이 있다.

진단형질: 이 종은 외형적으로 *B. latifrons* 및 *B. bryoniae*와 비슷하나 날개 전단의 가로무늬 말단부가 부풀어 있지 않으며, 전체적으로 좁은 점으로 구분할 수 있다.

성충형질: 중형의 *Bactrocera*이다. 얼굴은 황갈색에 1쌍의 타원형 흑색 점이 측면 하단부 가까이 있으며, 2쌍의 이마센털과 1쌍의 안와센털을 갖고 있다. 방패판은 대부분 흑색이며 측면과 후면에 갈색부분이 섞여있는 변이체들도 있다. 방패판 횡단봉합선 뒤쪽 양 옆에는 1쌍의 넓은 황색 세로띠가 작은방패판 측면 전방의 인트라알라센털에서 끝나며 중앙에는 황색 띠가 없다. 작은방패판과 어깨돌기, 날개 앞쪽에서 측판 하단 부근까지 황색이다. 작은방패판에는 1쌍의 말단센털이 있다. 다리는 전체적으로 황갈색이다. 날개는 투명하며 좁은 황갈색 띠가 전단부를 따라 R_{2+3}맥을 지나 R_{4+5}맥을 약간 지나서 끝나며, 끝 부분이 확장되지 않는다. 추가로 bcu맥실과 A맥을 따라 좁은 황갈색 띠가 있다. 복부등판들과 산란통은 전체적으로 황갈색이다.

유충형질: 자료 없음.

숙주범위: *Maclura* (구찌뽕), *Morus* (뽕나무) 속을 가해.

가해 가능한 국내작물: 국내 작물로는 뽕나무와 구찌뽕나무 열매를 가해할 위험성이 있다.

분포: 호주 (Qld.), 파푸아뉴기니.

유인제: Methyl eugenol에 약하게 유인됨.

DNA 바코드: 2019년 10월 현재 BOLD 데이터베이스에 2개의 바코드를 찾을 수 있으며, 다른 종들과는 명확히 구분되므로 쉽게 동정이 가능하다. 바코드 분석에 따르면, *B. jarvisis*와 근연종인 듯하다.

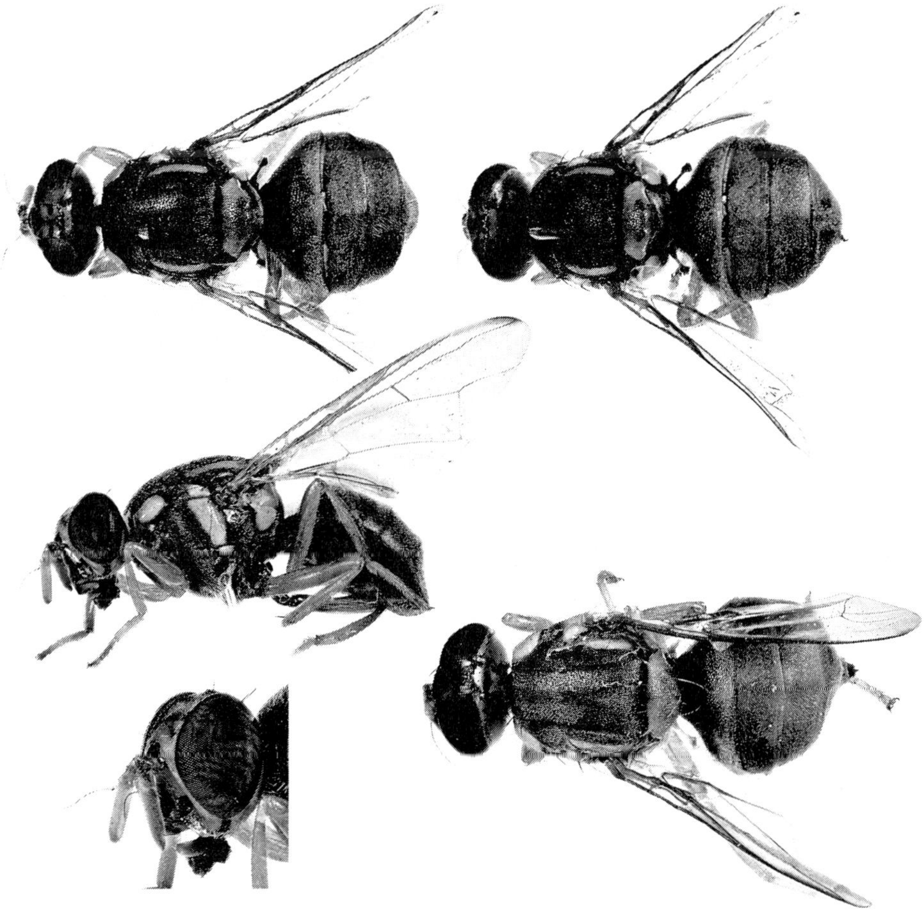

그림 4. 뽕나무과실파리(*Bactrocera bancroftii*) 수컷(1~2줄)과 암컷(아랫줄). Photos by H.-Y. Han.

5. *Bactrocera* (*Bactrocera*) *bryoniae* (Tryon, 1927),

국명: 호주고추과실파리(신칭)

영명: 없음

아과/족: Dacinae: Dacini

Chaetodacus bryoniae Tryon 1927: 192. — Australia. Queensland: Eidsvold. LT ♀ QMBA. Lectotype designated by Drew 1989: 47.

검역해충 등급제안: 금지해충 제3급 44위 - **기존등급:** 없음

등급분류 근거: 바나나, 고추 등을 가해하는 협식성 해충이며, 파푸아뉴기니 및 호주, 비스마르크 군도에만 분포한다. 고추를 가해하는 해충이므로 주의할 필요가 있다.

진단형질: 이 종은 외형적으로 *B. latifrons* 및 *B. bancroftii*와 비슷하나 날개 전단의 짙은 가로무늬가 전체적으로 넓고 말단부가 부풀어 있지 않으며, 다리가 전체적으로 황색인 점으로 구분할 수 있다. 또한 복부 제3~5등판에 가는 세로선이 뚜렷한 점으로도 구분된다.

성충형질: 대형의 *Bactrocera*이다. 얼굴은 황갈색에 1쌍의 타원형 흑색 점이 측면 하단부 가까이 있으며, 2쌍의 이마센털과 1쌍의 안와센털을 갖고 있다. 방패판은 대부분 흑색이며 측면과 후면에 갈색부분이 섞여있다. 방패판 횡단봉합선 뒤쪽 양옆에는 1쌍의 넓은 황색 세로띠가 작은방패판 측면 전방의 인트라알라센털에서 끝나며 중앙에는 황색 띠가 없다. 작은방패판과 어깨돌기, 날개 앞쪽에서 측판 하단부근까지 황색이다. 작은방패판에는 1쌍의 말단센털이 있다. 다리의 넓적다리마디들은 모두 황색-황갈색이다. 날개는 투명하며 넓은 황갈색 띠가 전단부를 따라 R_{2+3}맥을 지나 R_{4+5}맥을 약간 지나서 끝나며, 끝 부분이 확장되지 않는다. 추가로 bcu맥실과 A맥을 따라 좁은 황갈색 띠가 있다. 복부등판들과 산란통은 전체적으로 황갈색 바탕에, 제1등판은 대체로 흑색, 제3등판에는 전반의 흑색 가로띠는 양옆으로 넓어져 있고 중앙에는 세로띠가 제4-5마디로 이어져 T-무늬를 형성한다.

유충형질: 자료 없음.

숙주범위: 바나나, 고추를 포함하는 5개 과의 식물들을 가해한 기록이 있다 - Curcurbitaceae, Loganiaceae, Musaceae, Passifloraceae, Solanaceae.

가해 가능한 국내작물: 고추 등. 협식성이므로 다른 작물의 위해 가능성도 있다.

분포: 파푸아뉴기니, 호주(WA, NT, Qld), 비스마르크군도.

유인제: Raspberry ketone, cue-lure.

DNA 바코드: 2019년 10월 현재 BOLD 데이터베이스에서 7개의 바코드를 찾을 수 있다. 이들은 바코드 분석 시 명확히 구분되는 클러스터를 이루므로 쉽게 동정이 가능하며, *B. latifrons*와 근연종인 듯하다.

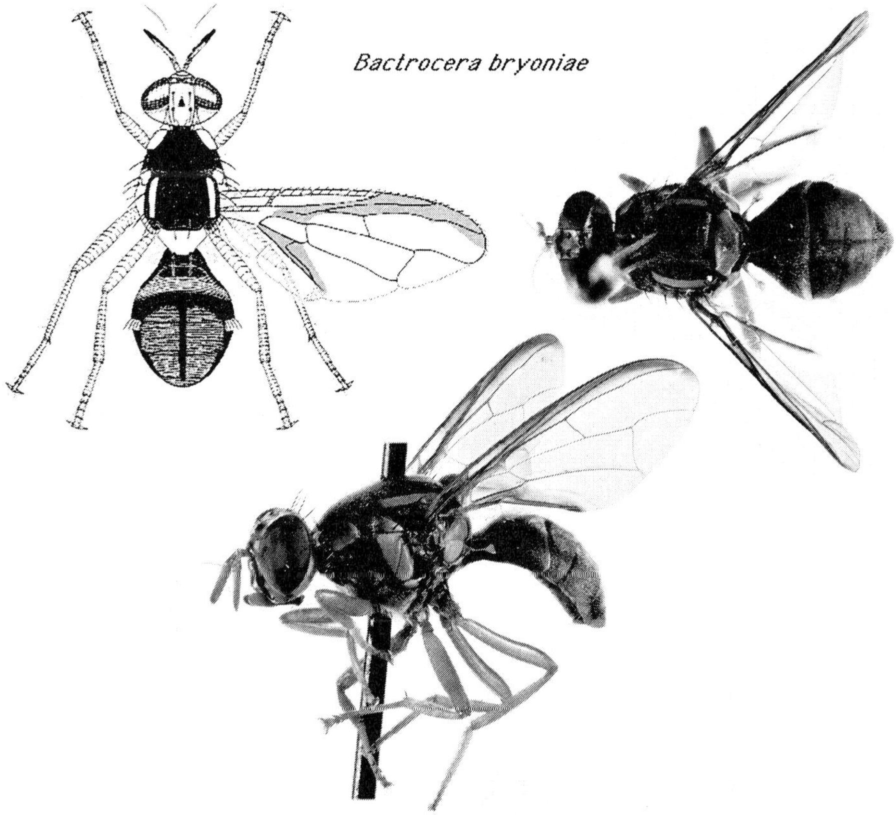

그림 5. 호주고추과실파리(*Bactrocera bryoniae*), male. Drawing courtesy of Carroll et al., Pest fruit flies of the world, www.delta-intkey.com/ffa/index.htm (as of 2019/11). Photos by H.-Y. Han.

6. *Bactrocera* (*Bactrocera*) *carambolae* Drew & Hancock, 1994
국명: 카람볼라과실파리
영명: Carambola fruit fly
아과/족: Dacinae: Dacini

Bactrocera carambolae Drew & Hancock 1994: 11. — Malaysia. Perak: Kuala Kangsar. Holotype ♀ BMNH.

검역해충 등급제안: 금지해충 제1급 4위 - **기존등급**: 금지해충

등급분류 근거: 악명 높은 *B. dorsalis*와 구분하기 매우 힘들며, 동남아시아에서 분포범위가 중첩된다. 브라질 등 남미에 도입된 바 있으며, 카람볼라, 귤류, 대추 등 다양한 열대작물을 가해하는 다식성 해충이다.

진단형질: 오리엔탈과실파리와는 매우 구분하기 힘들며, 그 분포범위가 중첩된다. 오리엔탈과실파리와 다른 점: 1) 복부등판들의 중앙 세로무늬가 더 넓다. 2) 날개 전단의 갈색 무늬가 R_{2+3}맥의 끝부분에서 좁아지지 않는 동시에 R_{4+5}맥 부근에서는 넓어진다. 3) 앞 넓적다리마디 뒤쪽 말단부 가까이에 종종 갈색 내지 흑갈색의 점이 있다.

성충형질: 중형의 *Bactrocera*이다. 머리는 황갈색이며 얼굴에는 1쌍의 타원형 흑색 점이 측면 하단부 가까이 있으며, 2쌍의 이마센털과 1쌍의 안와센털을 갖고 있다. 방패판은 흑색이며 횡단봉합선 뒤쪽 양 옆에는 1쌍의 넓은 황색 세로띠가 작은방패판 측면 전방의 인트라알라센털 바로 뒤에서 끝나며 중앙에는 황색 띠가 없다. 작은방패판과 어깨돌기는 황색이다. 날개 앞쪽의 등옆판 후반부에서부터 그 아래로 측판 중앙을 지나 중흉앞하옆판 상부까지 황색의 띠를 형성하며, 후흉상·하옆등판도 황색이다. 작은방패판에는 1쌍의 말단센털이 있다. 다리의 넓적다리마디들은 모두 황색-황갈색이며, 앞다리넓적다리마디의 말단부 가까이에 대부분 갈색에서 흑갈색의 점이 있다. 앞다리 종아리마디는 옅은 갈색이며 뒷다리 종아리마디는 짙은 갈색이다. 날개는 투명하며 좁은 갈색 띠가 전단부를 따라 R_{4+5}맥을 약간 지나서 끝나며, 끝 부분이 확장된다. 추가로 bcu맥실과 A맥을 따라 좁은 갈색 띠가 있다. 복부등판들은 황갈색-갈색 바탕에 흑갈색 무늬가 있으며 중앙 세로무늬가 뚜렷하다. 암컷의 산란통은 황갈색이며 제5등판 길이와 비슷하다.

유충형질: White & Elson-Harris (1992) 193쪽 참조.

숙주범위: 매우 다양한 과를 가해하는 심각한 다식성 해충 - Alangiaceae, Anacardiaceae, Annonaceae, Apocynaceae, Arecaceae, Clusiaceae, Combretaceae, Euphorbiaceae, Lauraceae, Loganiaceae, Meliaceae, Moraceae, Myristicaceae, Myrtaceae, Oleaceae, Oxalidaceae, Polygalaceae, Punicaceae, Rhamnaceae, Rhizophoraceae, Rutaceae, Sapindaceae, Sapotaceae, Simaroubaceae, Solanaceae, Symplocaceae (상세한 숙주 목록은 Allwood et al. (1999)을 참조할 것).

가해 가능한 국내작물: 귤류, 대추를 가해한 기록이 있으며, 다식성 해충이므로 다른 작물을 가해할 가능성도 있다.

분포: 태국, 베트남 남부, 말레이지아, 보르네오, 싱가포르, 인도네시아, 수리남, 프랑스 기아나, 구아나, 브라질.

유인제: Methyl eugenol.

DNA 바코드: 2019년 10월 현재 BOLD 데이터베이스에 100개 이상의 바코드가 입력되어 있으며, 오동정(특히 *B. dorsalis*)으로 의심되는 것들도 종종 눈에 띈다. 따라서 특정 바코드 서열을 동정할 때는 최소 10개체 이상의 *B. carambola*와 클러

스터를 이루며, 0.5%이내로 염기서열이 일치하는지 확인하여야 한다.

그림 6. 카람볼라과실파리(*Bactrocera carambolae*)의 수컷. Photos by H.-Y. Han.

7. *Bactrocera* (*Bactrocera*) *caryeae* (Kapoor, 1971)

국명: 인도귤과실파리(신칭)

영명: 없음

아과/족: Dacinae: Dacini

Dacus caryeae Kapoor 1971: 479. — India. Karnataka: Mysore, Coorg. HT ♂ INPC.

검역해충 등급제안: 금지해충 제2급 33위 - **기존등급**: 없음

등급분류 근거: 6개 식물의 과에 속하는 과실을 가해하는 협식성 해충이다. 한국 재배식물종류 중에서는 귤류를 가해하므로 주의할 필요가 있다.

진단형질: 악명 높은 *B. dorsalis*와 비슷하나 방패판의 횡단봉합선 뒤쪽 양옆의 황색 띠가 확연이 가늘며, 방패판의 바탕색이 항상 흑갈색이다. *B. dorsalis* 종군 내에서는 *B. kandiensis* 및 *B. arecae*와 비슷하나, *B. caryae*는 모든 넓적다리마디 말단 직전부에 작은 점이 있는 것과 복부 제3~5등판 양측에 넓은 흑갈색 띠가 있는 점으로 구분된다.

성충형질: 중형의 *Bactrocera*이다. 얼굴은 황갈색에 1쌍의 타원형 흑색 점이 측면 하단부 가까이 있으며, 2쌍의 이마센털과 1쌍의 안와센털을 갖고 있다. 방패판의 바탕색은 흑색이며, 횡단봉합선 뒤쪽 양 옆에는 1쌍의 좁은 황색 세로띠가 작은방패판 측면 전방의 인트라알라센털 앞부분에서 끝나며 중앙에는 황색 띠가 없다. 작은방패판과 어깨돌기, 날개 앞쪽에서 측판 하단 부근까지 황색이다. 넓적다리마디들은 모두 황색 바탕에 말단 직전부에 작은 점이 있다. 앞다리 종아리마디는 옅은 갈색이며 뒷다리 종아리마디는 짙은 갈색이다. 날개는 투명하며 좁은 갈색 띠가 전단부를 따라 R_{2+3}맥의 끝에 이르러 급격히 좁아지며, 다시 약간 넓어져서 R_{4+5}맥을 약간 지나서 끝나며, 끝부분이 확장되지 않는다. 추가로 bcu맥실과 A맥을 따라 좁은 갈색 띠가 있다. 복부등판들은 황갈색-갈색 바탕에 흑갈색 무늬가 있으며 흑갈색이 우세하며, 특히 제3~5등판 양측에 넓은 흑갈색 띠가 있으며, 중앙부에는 좁은 흑갈색 띠가 있다. 암컷의 산란통은 갈색이며 제5등판보다 길다.

유충형질: 자료 없음.

숙주범위: Anacardiaceae, Lecythidaceae, Malpighiaceae, Myrtaceae, Rutaceae, Sapotaceae.

가해 가능한 국내작물: 한국에서는 귤류를 가해할 수 있다.

분포: 인도 남부, 스리랑카.

유인제: Methyl eugenol.

DNA 바코드: 2019년 10월 현재 BOLD 데이터베이스에서 3개의 바코드를 찾을 수 있으며, 바코드 계통분석에 따르면, *B. kandiensis*와 같은 클러스터를 이룬다. 이 클러스터에는 상당수의 *B. dorsalis*들도 포함되어 있는데, 이는 아마도 오동정의 결과로 사료된다. 따라서 *B. kandiensis*와 *B. caryeae*는 근연종으로 생각되나, 보다 정확한 종의 판정을 위한 추가 연구가 필요한 상황이다.

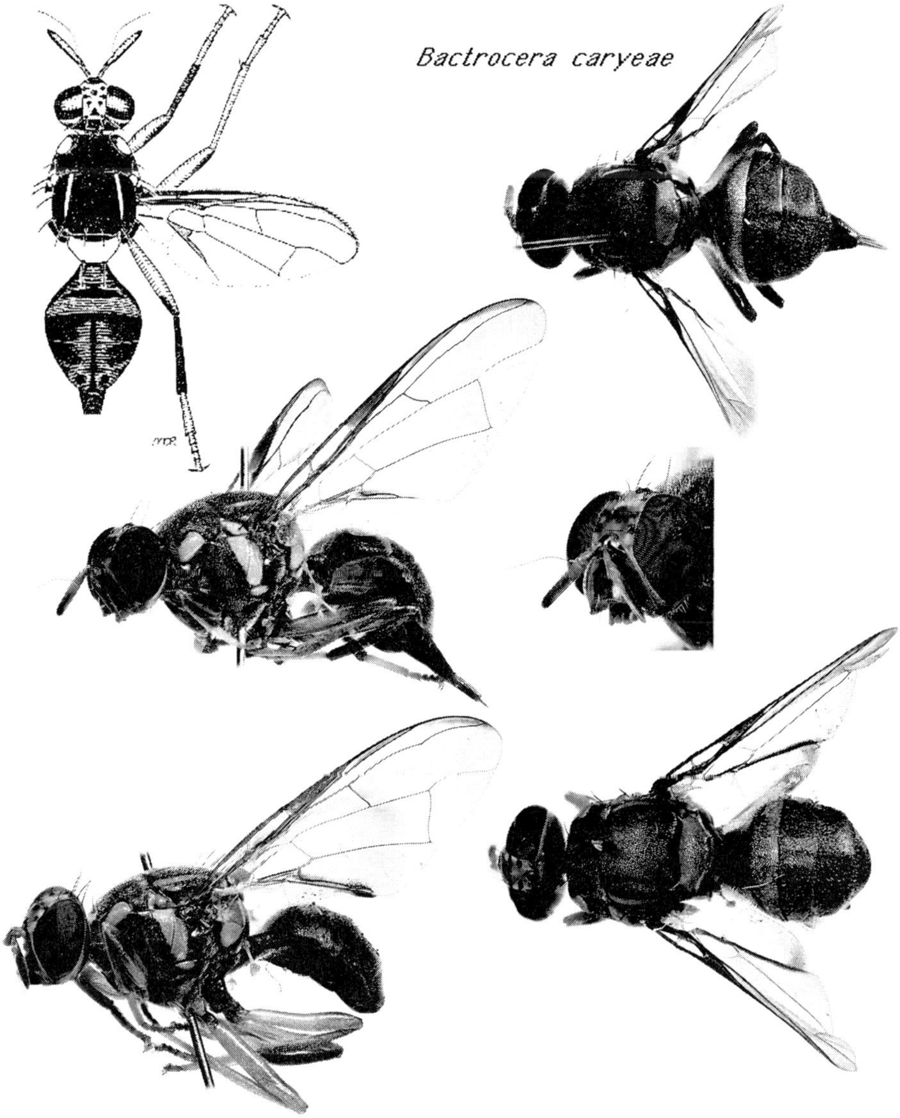

그림 7. 인도귤과실파리(*Bactrocera caryeae*) 암컷(1~2줄)과 수컷(아랫줄).
Drawing courtesy of Carroll et al., Pest fruit flies of the world, www.delta-intkey.com/ffa/index.htm (as of 2019/11). Photos by H.-Y. Han.

8. *Bactrocera* (*Bactrocera*) *correcta* (Bezzi, 1916)

국명: 구아바과실파리

영명: Guava fruit fly

아과/족: Dacinae: Dacini

Chaetodacus correctus Bezzi 1916: 107. — India. Bihar: Pusa; Tamil Nadu: Coimbatore; Guindy; & Hagari. Syntype ♂♀ ZSI.

Dacus dutti Kapoor 1971: 480. — India. Maharashtra: Poona. Holotype ♂ INPC.

Strumeta paratuberculatus Philip 1950: 31. — Burma. Aingyi. Holotype ♂ ZSI.

Dacus bangaloriensis Agarwal & Kapoor 1983: 169. — India. Karnataka: Bangalore, B. T. Farm. Holotype ♂ INPC.

Bactrocera zonata: Bezzi 1913: 94. — misid. see Bezzi 1916: 106.

검역해충 등급제안: 금지해충 제1급 6위 - **기존등급**: 금지해충

등급분류 근거: 인도에서 중국 남서부까지 널리 분포하며, 다양한 식물을 가해하는 다식성 해충이다. 국내 작물로는 귤류, 양벚나무, 대추 등을 가해할 수 있다.

진단형질: 다른 대다수의 *Bactrocera* 종들은 타원형의 흑색 점이 측면 하단부 가까이에 있는 반면, 이 종은 이 점들이 연결되어 가로띠를 형성하는 것이 독특하다. 오리엔탈과실파리와 유사하나, 얼굴의 반점과 날개 전단부의 띠가 끊어진 점으로 쉽게 구분된다. 계통적으로는 *B. zonata*와 근연종이며 날개무늬가 거의 같으나, 대부분의 표본에서 방패판의 배경색이 *B. correcta*는 흑색, *B. zonata*는 적갈색인 점으로 구분된다.

성충형질: 중형의 *Bactrocera*이다. 얼굴은 황갈색에 하단부에 1개의 중앙 가로띠가 있으며, 2쌍의 이마센털과 1쌍의 안와센털을 갖고 있다. 방패판은 대체적으로 흑갈색이며, 횡단봉합선 뒤쪽 양 옆에는 1쌍의 뚜렷한 황색 세로띠가 작은방패판 측면 전방의 인트라알라센털에서 끝나며, 중앙에는 황색 띠가 없다. 작은방패판과 어깨돌기는 황색이다. 날개 앞쪽의 등옆판 후반부 및 그 아래로 측판 중앙을 지나 중흉앞하옆판 상부까지 황색의 띠를 형성하며, 후흉상·하옆등판도 황색이다. 작은방패판에는 1쌍의 말단센털이 있다. 날개는 투명하며 좁은 황갈색 띠가 전단부를 따라 R_{2+3}맥을 약간 지나서 끝나며, R_{4+5}맥 끝부분에 작은 흑갈색 반점이 있다. bcu맥실은 연한 황갈색이며, A_1+Cu_1맥을 따라 띠가 없다. 복부등판들은 황갈색-갈색 바탕에 흑갈색 무늬가 있으며 제3~5등판에 가는 중앙 세로무늬가 보이며, 제3등판의 가로무늬와 함께 희미하게라도 T-자를 형성한다. 암컷의 산란통은 황갈색이다.

유충형질: 자료 없음.

숙주범위: 베트남에서 특히 심각한 해충으로 알려져 있다. 망고, 구아바, 스포딜라, 대추 등의 해충이며, 다음과 같은 다양한 과를 가해한 기록이 있다 - Anacardiaceae, Annonaceae, Apocynaceae, Arecaceae, Cactaceae, Capparaceae, Caricaceae, Combretaceae, Curcurbitaceae, Dipterocarpaceae, Elaeocarpaceae, Euphorbiaceae, Flacourtiaceae, Lecythidaceae, Malpighiaceae, Meliaceae, Moraceae, Musaceae, Myristicaceae, Myrtaceae, Olacaceae, Oxalidaceae, Rhamnaceae, Rosaceae, Rutaceae, Sapindaceae, Sapotaceae, Simaroubaceae.

가해 가능한 국내작물: 귤류, 양벚나무, 대추 등. 다식성 해충이므로 다른 작물들도 가해할 수 있다.

분포: 스리랑카, 인도, 네팔에서 동남아시아와 중국 남부까지 광범위하게 분포.

유인제: Methyl eugenol.

DNA 바코드: 2019년 10월 현재 BOLD 데이터베이스에서 1,000개 이상의 바코드를 찾을 수 있다. 이들은 바코드 계통분석 시 단일 클러스터를 이루며, 현재 *B. zonata*로 오동정된 것으로 의심되는 2개체가 섞여있는 것을 제외하고 바코드 거리가 1% 이내로 일치하는 개체들의 명확한 동정이 가능한 것으로 사료된다.

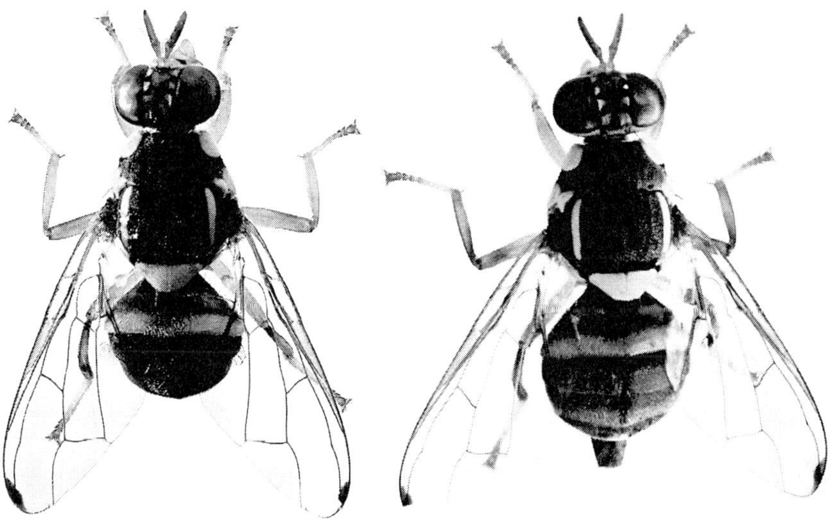

그림 8. 구아바과실파리(*Bactrocera correcta*) 수컷과 암컷. Downloaded & modified from IAEA Imagebank (male - IAEA0641584, female - IAEA0641588).

9. *Bactrocera* (*Bactrocera*) *curvipennis* (Froggatt, 1909)

국명: 뉴칼레도니아과실파리(신칭)
영명: 없음
아과/족: Dacinae: Dacini

Dacus curvipennis Froggatt 1909: 93. — Fiji. Viti Levu: Suva. ST ♂♀ NSWA? Lectotype designated by Drew 1989: 129 invalid, not from type locality.

검역해충 등급제안: 금지해충 제2급 24위 - **기존등급**: 없음

등급분류 근거: 뉴칼레도니아에 제한적으로 서식하나, 20개 식물과를 가해는 중요한 다식성 해충이다. 국내 작물로는 귤류를 가해할 수 있다.

진단형질: 소형종이며, 날개 전단의 갈색 가로띠에서 R-M맥 쪽으로 짧은 띠가 연결되는 것으로 다른 대부분의 종들과 쉽게 구분될 수 있다.

성충형질: 소형의 *Bactrocera*이다. 얼굴은 황갈색에 1쌍의 상대적으로 작은 원형 흑색 점이 측면 하단부 가까이 있으며, 2쌍의 이마센털과 1쌍의 안와센털을 갖고 있다. 방패판의 배경 색깔은 흑색이며, 횡단봉합선 뒤쪽 양 옆에는 1쌍의 황색 세로띠가 점차 좁아지다가 작은방패판 측면 전방의 인트라알라센털 바로 앞에서 끝나며 중앙에는 황색 띠가 없다. 작은방패판과 어깨돌기, 날개 앞쪽에서 측판 하단부근까지 황색이다. 작은방패판에는 1쌍의 말단센털이 있다. 다리는 대부분 황갈색이다. 날개는 투명하며 넓은 갈색 띠가 전단부를 따라 이어져서 R_{4+5}맥 말단부를 지나 M맥 말단부에 이르기 2/5쯤 전에 끝나며 띠의 말단부는 확장되지 않는다. 이 가로띠는 R-M맥을 덮는 짧은 세로띠에 연결되어 있다. 추가로 bcu맥실과 A맥을 따라 넓은 갈색의 띠가 있다. 복부등판들은 적갈색이며, 제3등판 앞쪽 1/3을 따라 갈색 세로띠가 있다.

유충형질: 자료 없음.

숙주범위: 귤류와 망고의 해충으로 알려져 있으며, 다음과 같은 다양한 과를 가해한 기록이 있다 - Anacardiaceae, Annonaceae, Apocynaceae, Calophyllaceae, Caricaceae, Combretaceae, Convolvulaceae, Ebenaceae, Longaniaceae, Malpighiaceae, Moraceae, Myrtaceae, Olacaceae, Oxalidaceae, Passifloraceae, Rhamnaceae, Rosaceae, Rubiaceae, Tuttaceae, Solanaceae.

가해 가능한 국내작물: 귤류 등. 다식성 해충이므로 다른 작물들도 가해할 수 있다.

분포: 뉴칼레도니아, 바투아누, 피지.

유인제: Cue-lure, raspberry ketone.

DNA 바코드: 2019년 10월 현재 BOLD 데이터베이스에 4개의 바코드가 입력되어있다. 그러나 근연종인 *B. aquilonis, B. erubescentis,B. neohumeralis, B. tryoni* 등과 바코드로 구분되지 않는다. 이들의 종 문제 해결이 선결되어야 할 상황이다.

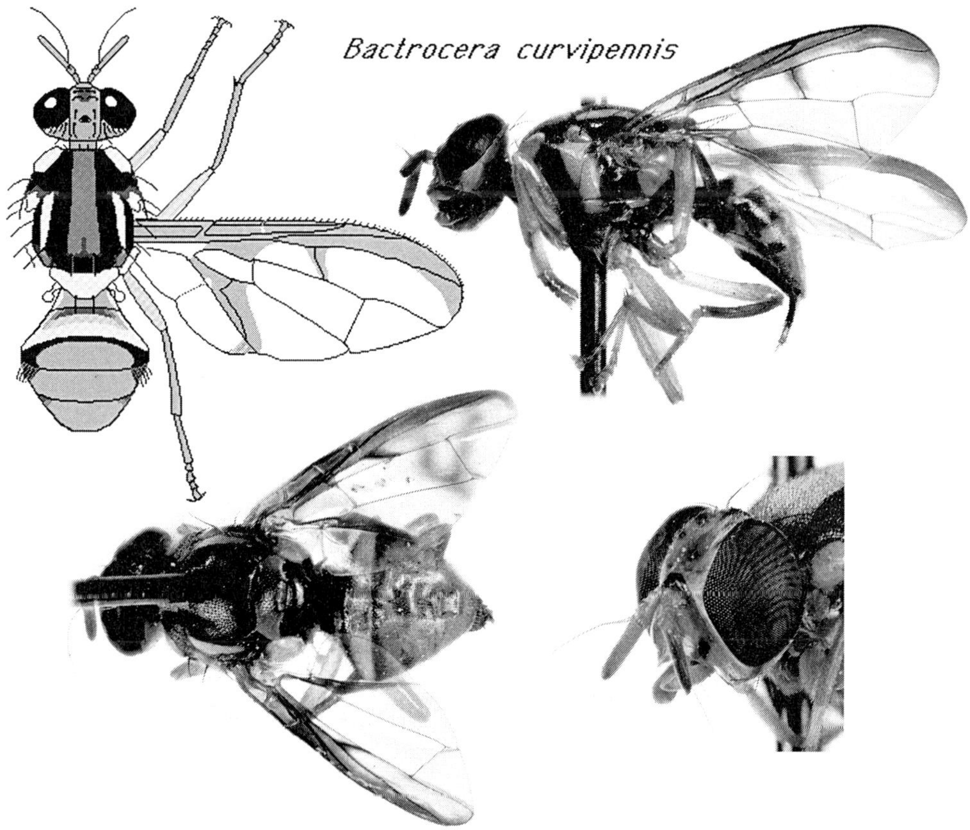

그림 9. 뉴칼레도니아과실파리(*Bactrocera curvipennis*). Male drawing, courtesy of Carroll et al., Pest fruit flies of the world, www.delta-intkey.com/ffa/index.htm (as of 2019/11). Female Photos by H.-Y. Han.

10. *Bactrocera* (*Bactrocera*) *dorsalis* (Handel, 1912)

국명: 오리엔탈과실파리, 귤과실파리

영명: Oriental fruit fly

아과/족: Dacinae: Dacini

Dacus dorsalis Hendel 1912: 18. – Taiwan. Koshun. Lectotype♀ BMNH. Lectotype designated by Drew & Hancock 1994:17.

Bactrocera conformis Doleschall 1858: 122. – Indonesia. Maluku: Amboina [Ambon I.]. T A ZMHU. Preocc. Walker 1859; possibly also Syntype in NMW (Bezzi 1913: 69).

Bactrocera papayae Drew & Hancock 1994: 48. – Malaysia. Perak: Kuala Kangsar. Holotype ♀ BMNH.

Bactrocera philippinensis Drew & Hancock 1994: 52. – Philippines. Cebu. Holotype ♂ BBM.

Bactrocera invadens Drew, Tsuruta & White 2005: 149. – Kenya. Coast, Matuga. Holotype ♂ NMKE.

Chaetodacus ferrugineus var. *okinawanus* Shiraki 1933: 62. – Japan. Ryukyu Is.: Okinawa I., Nago, Katena, Mawashi & Nishibaru; Yayeyama Is., Kumejima, Gushikawa, Ishigaki & Taketomi. Syntype ♂♀ NTU.

Musca ferruginea Fabricius 1794: 342. – India orientali [e. India]. T A UZMC? Preocc. Scopoli 1763; Syntype apparently lost (Zimsen 1964: 484).

검역해충 등급제안: 금지해충 제1급 1위 - **기존등급**: 금지해충

등급분류 근거: 많은 국내 재배작물을 포함하는 다양한 식물종들을 가해하며, 분포범위가 동남아시아 전역에서 아프리카까지로 매우 넓은 대표적인 검역해충이다. 많은 지역에 도입된 사례들이 있으며, 한국에서도 예찰활동을 통하여 자주 확인되는 종이다. 다행이 아직 정착된 개체군은 없는 것으로 사료된다. *Bactrocera dorsalis*는 변이가 매우 심해서 과거에는 *B. papayae, B. philippinensis, B. invadens*로 구분되기도 했으나, 현재는 이들이 독립된 종이 아니라 오리엔탈과실파리의 지역적인 변이체들로 간주되고 있다(Schutze et al., 2015).

진단형질: *Bactrocera carambolae* 및 *B. verbascifoliae*와 매우 비슷하나, 날개 전단의 갈색 무늬가 R_{2+3}맥의 끝부분을 지나서는 급격히 넓어지지 않는 점과, 앞 넓적다리마디가 무늬가 없이 전부 황갈색인 점으로 구분된다. 방패판과 복부등판들의 검정색 및 황갈색 부분들의 배합 패턴이 매우 변이가 심하므로 동정 시 감안하여야 한다(Leblanc et al., 2013 - 도판 참조할 것).

성충형질: 중형의 *Bactrocera*이다. 얼굴은 황갈색에 1쌍의 타원형 흑색 점이 측면 하단부 가까이 있으며, 2쌍의 이마센털과 1쌍의 안와센털을 갖고 있다. 방패판의 색깔은 흑색에서 갈색과 흑색이 섞여있는 다양한 변이형이 존재 한다. 방패판 횡단봉합선 뒤쪽 양 옆에는 1쌍의 넓은 황색 세로띠가 작은방패판 측면 전방의 인트라알라센털에서 끝나며 중앙에는 황색 띠가 없다. 작은방패판과 어깨돌기, 날개 앞쪽에서 측판 하단 부근까지 황색이다. 작은방패판에는 1쌍의 말단센털이 있다. 넓적다리마디들은 모두 황색-황갈색이며 점이 없다. 앞다리 종아리마디는 옅은 갈색이며 뒷다리 종아리마디는 짙은 갈색이다. 날개는 투명하며 좁은 갈색 띠가 전단부를 따라 R_{2+3}맥의 끝에 이르러 급격히 좁아지며, 다시 약간 넓어져서 R_{4+5}맥을 약간 지나서 끝나며, 끝 부분이 확장되지 않는다. 추가로 bcu맥실과 A맥을 따라 좁은 갈색 띠가 있다. 복부등판들은 황갈색-갈색 바탕에 흑갈색 무늬가 있으며 변이가 심하다. 암컷의 산란통은 황갈색이며 제5등판 길이와 비슷하다.

유충형질: White & Elson-Harris (1992) 190쪽 참조.

숙주범위: 매우 다양한 과의 숙주들을 가해하는 가장 악명 높은 다식성 해충 - Alangiaceae, Anacardiaceae, Annonaceae, Apocynaceae, Arecaceae,

Clusiaceae, Combretaceae, Euphorbiaceae, Lauraceae, Loganiaceae, Meliaceae, Moraceae, Myristicaceae, Myrtaceae, Oleaceae, Oxalidaceae, Polygalaceae, Punicaceae, Rhamnaceae, Rhizophoraceae, Rutaceae, Sapindaceae, Sapotaceae, Simaroubaceae, Solanaceae, Symplocaceae (상세한 숙주 목록은 Allwood et al. (1999)을 참조할 것).

가해 가능한 국내작물: 가지, 감, 강낭콩, 고추, 귤, 라임, 모과, 무, 박, 복숭아, 사과, 살구, 수박, 여주, 오렌지, 오이, 자두, 체리, 토마토, 호두, 호박 등.

분포: 아프리카, 인도, 스리랑카, 네팔, 부탄, 미얀마, 중국 남부, 대만, 홍콩, 태국, 베트남, 캄보디아, 라오스, 하와이, 마리나제도, 타이티.

유인제: Methyl eugenol.

DNA 바코드: 2019년 10월 현재 BOLD 데이터베이스에 2000개 이상의 바코드가 입력되어 있으며, 다른 이름(*B. papayae, B. philippinensis, B, invadens*)로 기록되어 있는 것들도 많이 있다. 현재 BOLD에는 오동정 등에 의한 오류가 상당수 있으므로, 특정 바코드 염기서열을 *B. dorsalis*로 동정할 때는 일부 서열이 아닌 대부분의 서열과 0.5% 이내로 일치하며, 근연종인 *B. carambolae*와는 구분이 되는 것을 기준으로 판단하여야 한다.

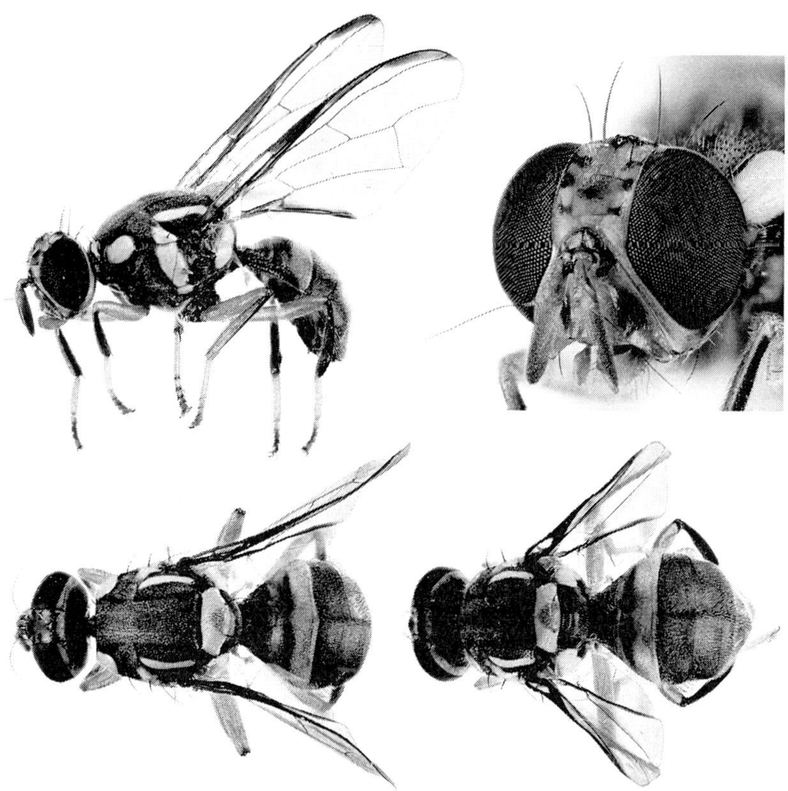

그림 10. 오리엔탈과실파리(*Bactrocera dorsalis*)의 수컷. Photos by H.-Y. Han.

11. *Bactrocera* (*Bactrocera*) *facialis* (Coquillett, 1909)

국명: 통가과실파리(신칭)

영명: 없음

아과/족: Dacinae: Dacini

Dacus facialis Coquillett 1909: 12. — Tonga I. LT ♂ USNM. Lectotype designation by inference of holotype by Greene in Perkins 1939: 9 (see Drew 1989: 133).

Dacus tongensis Froggatt 1911: 870. — Tonga. ST ♂♀ NSWA?

Strumeta fascialis Perkins 1939: 9. — missp. *facialis* Coquillett.

검역해충 등급제안: 금지해충 제2급 25위 - **기존등급**: 없음

등급분류 근거: 통가에 제한적으로 서식하나, 피망고추, 귤류를 비롯한 11개 식물과를 가해하는 다식성 해충이다.

진단형질: 이 종의 날개는 거의 투명하고 두꺼운 띠가 보이지 않으나, 몸의 독특한 무늬로 어떤 종과도 쉽게 구분이 가능하다. 특히 작은방패판에는 노랑 바탕에 중앙에 넓은 검정띠가 있으며(검정띠가 없는 것도 있음), 복부등판의 무늬도 상당히 독특하다(그림 참조). 추가로 얼굴에 어두운 점이 없는 것도 *Bactrocera*속에서는 드문 경우이다.

성충형질: 중형의 *Bactrocera*이다. 얼굴은 황갈색이며 점이 없다, 2쌍의 이마센털과 1쌍의 안와센털을 갖고 있다. 방패판의 배경 색깔은 흑갈색이며, 횡단봉합선 뒤쪽 양 옆에는 매우 작은 노랑 띠가 있으며, 띠의 길이는 작은방패판 길이보다 짧다. 어깨돌기, 날개 앞쪽에서 측판 중앙 부근까지 황색이다. 작은방패판은 노랑 바탕에 중앙에 넓은 흑갈색 세로띠가 있다. 작은방패판에는 1쌍의 말단센털이 있다. 다리는 흑갈색인 중간 및 뒷다리 밑마디와 도래마디를 제외하고 황갈색이다. 날개는 투명하며 좁은 연갈색 띠가 전연문(pterostigma)부터 전단부를 따라 이어져서 R_{4+5}맥 말단부를 지나 M맥 말단부에서 끝나며 띠의 말단부는 확장되지 않는다. 추가로 bcu맥실과 A맥을 따라 좁은 연갈색의 띠가 있다. 제1복부등판은 황갈색, 제2등판은 황갈색 바탕에 측면에 1쌍의 짧은 세로띠가 있다. 제3~5등판 중앙에 명확한 세로띠가 있으며; 등판 3은 측면에 넓은 흑갈색 부위가, 제4등판 측면 전반부에만 흑갈색 부위가 있다. 암컷의 산란통은 흑갈색이며 제5등판보다 약간 길다.

유충형질: 자료 없음.

숙주범위: 피망고추, 귤류, 망고, 파파야를 비롯한 다음 과들을 광범위하게 가해한 기록이 있다 - Anacardiaceae, Combretaceae, Fabaceae, Lauraceae, Moraceae, Myrtaceae, Passifloraceae, Rosaceae, Rutaceae, Sapindaceae, Solanaceae.

가해 가능한 국내작물: 피망고추, 귤류 등. 다식성 해충이므로 다른 작물들도 가해할 수 있다.

분포: 통가, 뉴칼레도니아.

유인제: Cue-lure.

DNA 바코드: 2019년 10월 현재 BOLD 데이터베이스에서 1개의 바코드를 찾을 수 있으며, 이는 Armstrong & Ball (2005)이 출판한 염기서열이다. 저자들의 전문성으로 미루어 시료의 정확한 동정을 신뢰한다면, 이 바코드와 비교하여 0.5%이내 일치하는 것을 동정 기준으로 삼을 수 있을 것이다. 바코드 계통분석에 따르면, *B. facialis*는 *B. passiflorae*와 근연종으로 보인다. 이 두 종은 외형적으로는 판이하게 구분되는 편이나 얼굴에 점이 없는 특징을 공유하고 있다.

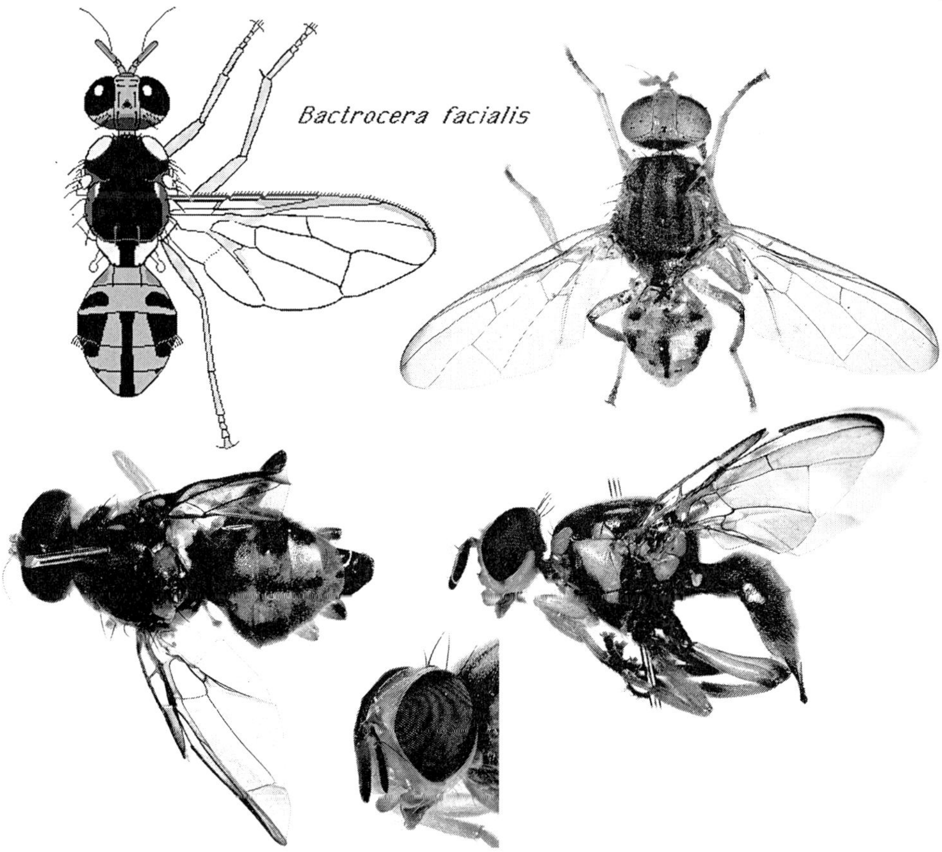

그림 11. 통가과실파리(*Bactrocera facialis*) 수컷(윗줄) 및 암컷(아랫줄). Color drawing courtesy of Carroll et al., Pest fruit flies of the world, www.delta-intkey.com/ffa/index.htm (as of 2019/11). Photos by H.-Y. Han.

12. *Bactrocera* (*Bactrocera*) *frauenfeldi* (Schiner, 1868)

국명: 망고과실파리

영명: Mango fruit fly

아과/족: Dacinae: Dacini

Dacus frauenfeldi Schiner 1868: 262. — Solomon Is. Stuart I. LT ♀ NMW. Lectotype designated by Hardy 1968: 138.

검역해충 등급제안: 금지해충 제1급 16위 - **기존등급**: 금지해충

등급분류 근거: 파푸아뉴기니 등지에 분포하며 호주로 도입된 바 있다. 20개가 넘는 식물의 과를 가해하는 다식성 해충이며, 국내 작물로는 귤류 등을 가해할 수 있다.

진단형질: 이 종의 날개 무늬는 독특하게 3개의 띠가 사선으로 나란히 있으며, 기부의 2개는 갈색, 말단부의 것은 연노란색이다. 이 문양은 *B. albistrigata* 및 *B. trilineola*와 매우 비슷하나, *B. frauenfeldi*의 어깨돌기 앞부분이 흑갈색이며, 다리에 갈색 무늬가 있는 점으로 쉽게 구분된다.

성충형질: 중형의 *Bactrocera*이다. 얼굴은 황갈색에 1쌍의 타원형 흑색 점이 측면 하단부 가까이 있으며, 2쌍의 이마센털과 1쌍의 안와센털을 갖고 있다. 방패판의 배경 색깔은 흑갈색이며, 횡단봉합선 뒤쪽 양 옆에는 1쌍의 황색 세로띠가 작은방패판 측면 전방의 인트라알라센털 바로 앞에서 끝나며 중앙에는 황색 띠가 없다. 어깨돌기 상반부는 흑갈색이며 하반부는 갈색이다. 작은방패판은 앞쪽으로 흑갈색이며 측면 또는 측면과 후면이 황색인 개체들이 많다. 날개 앞쪽에서 측판 중앙까지 황색이다. 작은방패판에는 1쌍의 말단센털이 있다. 다리는 대부분 황갈색 바탕에 중간다리 넓적다리마디, 뒷다리 넓적다리마디와 종아리마디가 갈색을 띤다. 날개는 투명하며 좁은 연갈색 띠가 전연문(pterostigma)부터 전단부를 따라 이어져서 R_{4+5}맥 말단부를 지나 M맥 말단부에서 끝나며 띠의 말단부는 확장되지 않는다. 추가로 bcu맥실과 A맥을 따라 넓은 갈색의 띠가 있다 또한 전연문(pterostigma) 아래부터 R-M맥과 R_{4+5}맥을 따라 사선의 갈색무늬가 있다. 제1복부등판은 흑갈색, 제2등판은 황갈색 바탕에 전단에 넓은 흑갈색 가로띠와, 중앙에 좁은 흑갈색 세로띠가 있다. 제3~5등판은 흑갈색 바탕에 1쌍의 넓은 황갈색 세로띠가 중앙으로 나 있다. 암컷의 산란통은 흑갈색이며 제5등판보다 약간 짧다.

유충형질: White & Elson-Harris (1992) 203쪽, Pest fruit flies of the world, www.delta-intkey.com/ffa/index.htm 참조.

숙주범위: Anacardiaceae, Annonaceae, Caricaceae, Clusiaceae, Combretaceae, Ebenaceae, Euphorbiaceae, Lecythidaceae, Loganiaceae, Malpighiaceae, Meliaceae, Moraceae, Musaceae, Myrtaceae, Olacaceae, Oxalidaceae, Passifloraceae, Rubiaceae, Rutaceae, Sapotaceae, Solanaceae.

가해 가능한 국내작물: 귤류 등. 다식성 해충이므로 다른 작물들도 가해할 수 있다.

분포: 파푸아뉴기니, 비스마르크군도, 솔로몬군도 등지에 널리 분포하며, 호주 북부(n. QLD)에 침입 및 정착한 바 있다.

유인제: Cue-lure, raspberry ketone.

DNA 바코드: 2019년 10월 현재 BOLD 데이터베이스에서 8개의 바코드를 찾을 수 있다. 이들은 계통분석 시 단일 클러스터를 이루며, 1% 이내의 바코드 거리가 일치되는 개체들로서 동정이 가능하다. 바코드 계통분석에 따르면, 형태적으로 유사한 *B. albistrigata*와 근연종으로 보인다.

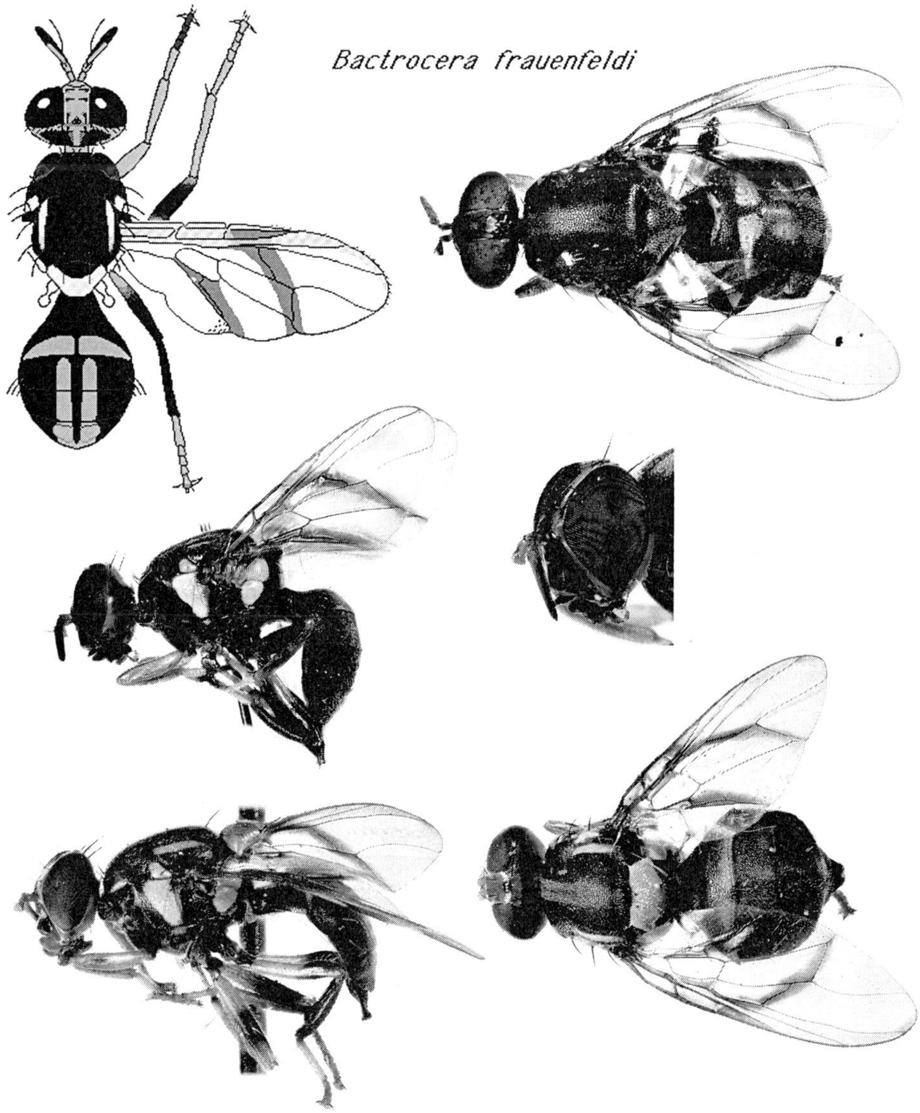

그림 12. 망고과실파리(*Bactrocera frauenfeldi*) 수컷(윗줄) 및 암컷(2~3줄). Color drawing courtesy of Carroll et al., Pest fruit flies of the world, www.delta-intkey.com/ffa/index.htm (as of 2019/11). Photos by H.-Y. Han.

13. *Bactrocera* (*Bactrocera*) *halfordiae* (Tryon, 1927)

국명: 할포디아과실파리

영명: Halfordia fruit fly

아과/족: Dacinae: Dacini

Chaetodacus halfordiae Tryon 1927: 190. — Australia. Queensland: Southport. LT ♀ QMBA. Lectotype designated by Drew 1989: 73.

Chaetodacus gurneyi Perkins 1934: 41. — Australia. New SouthWales: Narara; Tooloom; Acacia Creek; Queensland: Brisbane. ST ♂♀ UQIC.

검역해충 등급제안: 금지해충 제3급 45위 - **기존등급**: 금지해충

등급분류 근거: 호주 서부에 분포하며 귤류 등을 가해하는 협식성 해충이다.

진단형질: 이 종은 다리를 제외한 몸체가 거의 적갈색인 점으로 구분한다. 또한 방패판의 좁은 황색 세로띠가 작은방패판 측면 전방의 인트라알라센털 앞쪽에서 상당히 이격되어 끝나며 중앙에는 황색 띠가 없는 점으로도 구분된다.

성충형질: 중형의 *Bactrocera*이며 황색의 다리와 띠를 제외한 몸 전체가 적갈색이다. 얼굴은 1쌍의 타원형 흑색 점이 측면 하단부 가까이 있으며, 2쌍의 이마센털과 1쌍의 안와센털을 갖고 있다. 방패판은 적갈색이며, 횡단봉합선 뒤쪽 양 옆에는 1쌍의 좁은 황색 세로띠가 작은방패판 측면 전방의 인트라알라센털 앞에서 끝나며 중앙에는 황색 띠가 없다. 작은방패판은 적갈색이나 어깨돌기와 날개 앞쪽에서 측판 하단 부근까지 황색이다. 작은방패판에는 1쌍의 말단센털이 있다. 다리는 전체적으로 황색이다. 날개는 투명하며 좁은 갈색 띠가 전단부를 따라 R_{4+5}맥을 약간 지나서 끝나며, 끝 부분이 확장되지 않는다. 추가로 bcu맥실과 A맥을 따라 넓은 갈색 띠가 있다. 복부 역시 적갈색이다.

유충형질: 자료 없음.

숙주범위: 귤류(*Citrus* spp.), loquat, feijoa, Brazilian cherry

가해 가능한 국내작물: 귤류 등. 협식성이므로 다른 작물의 위해 가능성도 있다.

분포: 호주 (QLD, NSW).

유인제: Methyl isoeugenol.

DNA 바코드: 2019년 10월 현재 BOLD 데이터베이스에 수록된 바코드가 없다.

그림 13. 할포디아과실파리(*Bactrocera halfordiae*) 수컷(1~2줄)과 암컷(아랫줄). Photos by H.-Y. Han.

14. *Bactrocera* (*Bactrocera*) *hyalina* (Shiraki, 1933)

국명: 녹나무과실파리

영명: 없음

아과/족: Dacinae: Dacini

Chaetodacus hyalinus Shiraki 1933: 62. — Japan. Kyushu: Kagoshima. Holotype ♀ NTU.
Strumeta asatoi Shiraki 1968: 26. — Japan. Ryukyu Is. Holotype ♀ USNM.

검역해충 등급제안: 국내서식 비해충 - **기존등급**: 없음

등급분류 근거: 한국, 일본, 중국 남부, 동남아 등지에 분포하며, 한국분포(제주도)는 최근에 확인되었다(Han et al., 2017). 한국에서는 유생기에 녹나무류 열매를 섭식하는 비해충이나, 간혹 녹나무류 근처에 설치된 과실파리의 예찰트랩에 들어올 때가 있다.

진단형질: 이 종은 방패판의 바탕이 흑색이며 가늘고 짧은 1쌍의 황색 세로띠만을 가지며, 작은방패판의 말단부가 흑색이며, 날개가 전체적으로 투명하게 보이는 점으로 쉽게 구분이 가능하다.

성충형질: 중형의 *Bactrocera*이다. 얼굴은 황갈색에 1쌍의 타원형 흑색 점이 측면 하단부 가까이 있으며, 2쌍의 이마센털과 1쌍의 안와센털을 갖고 있다. 방패판은 전체적으로 흑색이며, 측면에 1쌍의 가늘고 짧은 황색 띠가 있으며 횡단봉합선에서 시작하여 작은방패판에 이르기 1/2 지점에서 끝난다. 방패판 중앙부에는 띠가 없다. 작은방패판은 황색 바탕에 기부와 말단부가 흑색이다. 어깨돌기, 날개 앞쪽에서 측판 하단 부근까지 황색이다. 작은방패판에는 1쌍의 말단센털이 있다. 다리는 전체적으로 옅은 갈색이나, 중간/뒷다리의 밑마디와 도래마디, 각 넓적다리마디의 말단부, 뒷다리 종아리마디의 기부와 말단부 쪽이 약간 어둡다. 날개는 언뜻 보기에 전체가 투명한 것처럼 보이나, 전연문(pterostigma) 및 R_{2+3}맥과 R_{4+5}맥의 각 양쪽 전단부에 가늘게 연황색 부분들이 있다. 추가로 bcu맥실과 A맥을 따라 매우 좁은 연황색 띠를 찾아볼 수 있다. 복부등판들은 황갈색-갈색 바탕이며, 제1, 2등판은 각각 전단부에 흑색의 넓은 가로띠가 있다. 제3등판의 흑색 가로띠는 양 옆으로 넓어져 있고 중앙에는 세로띠가 제4-5등판으로 이어져 T-무늬를 형성한다. 제4등판의 양 옆에는 넓은 흑색 반문이 있다. 산란통은 황갈색이며 제5등판보다 약간 길다.

유충형질: 자료 없음.

숙주범위: 주로 녹나무과 식물의 열매를 가해함 - *Cinnamomum camphora, C. insularimontanum, Persea thunbergii*; Liang et al. (1993) - *Litsia verticillata*. 한 건은 물푸레나무과에서 기록됨 (*Osmanthus insularis* - Drew & Romig, 2013).

가해 가능한 국내작물: 제주도에서 자생하거나 조경수로 쓰이는 녹나무류의 열매를 가해하나 경제적인 피해는 미미한 것으로 사료된다.

분포: 한국(제주도), 일본(혼슈 이남), 중국(광동), 대만, 태국.

유인제: 알려지지 않음.

DNA 바코드: 2010년 10월 현재 BOLD 데이터베이스에 입력되어있지 않다.

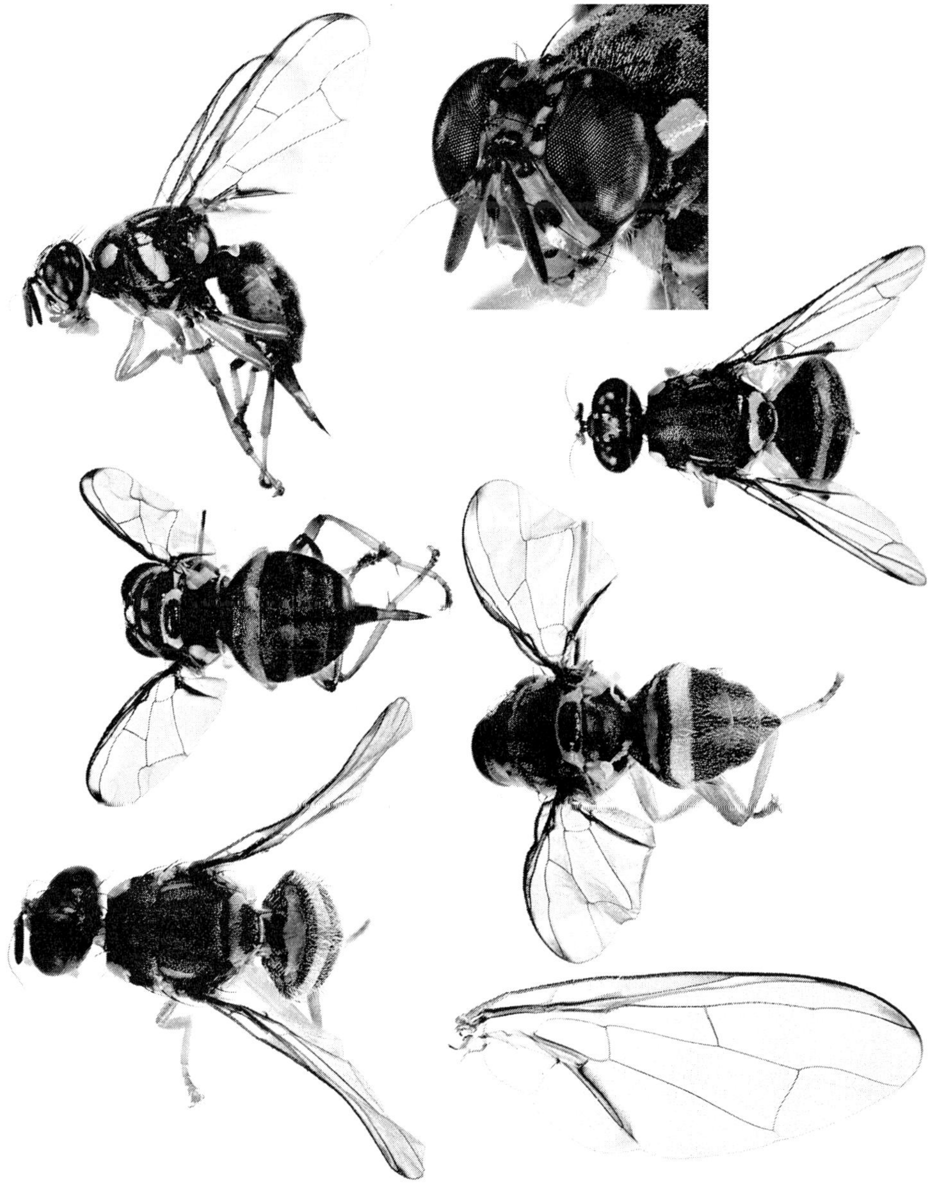

그림 14. 녹나무과실파리(*Bactrocera hyalina*) 암컷 및 수컷. Photos by H.-Y. Han.

15. *Bactrocera* (*Bactrocera*) *kirki* (Froggatt, 1911)

국명: 키르크과실파리(신칭)

영명: 없음

아과/족: Dacinae: Dacini

Dacus kirki Froggatt 1911: 871. — bred from Island fruit imported into New Zealand. LT ♀ NSWA. Lectotype designated by Drew 1989: 140.

검역해충 등급제안: 금지해충 제2급 26위 - **기존등급**: 없음

등급분류 근거: 사모아, 통가, 타히티 등 남태평양의 섬들에 분포하는 심각한 다식성 해충으로 국내 작물로는 귤류 등을 가해할 수 있다.

진단형질: 이 종은 날개가 거의 투명하게 보이나, 자세히 보면 전연문(pterostigma)에서 R_{4+5}맥까지 매우 연한 황갈색 가로띠가 있다. 복부등판에 흑갈색 바탕에 1쌍의 넓은 황갈색 세로띠가 중앙으로 나있는 점으로도 구분될 수 있다. 이 복부의 무늬는 *B. frauenfeldi*와 비슷하나, 날개 무늬로 쉽게 구분 가능하다.

성충형질: 중형의 *Bactrocera*이다. 얼굴은 황갈색에 1쌍의 타원형 흑색 점이 측면 하단부 가까이 있으며, 2쌍의 이마센털과 1쌍의 안와센털을 갖고 있다. 방패판은 검정색이며 세로띠가 없다. 작은방패판도 검정색이나 양 측면은 황갈색이다. 날개 앞쪽에서 측판 하단 부근까지 황색이다. 작은방패판에는 1쌍의 말단센털이 있다. 다리는 황갈색 바탕에 종아리마디들과 일부 발목마디가 갈색을 띤다. 날개는 거의 투명하며 좁은 연갈색 띠가 전연문(pterostigma)부터 전단부를 따라 이어져서 R_{4+5}맥 말단부를 지나 M맥 말단부에서 끝나며 띠의 말단부는 확장되지 않는다. 제1복부등판은 흑갈색, 제2등판 이후에는 흑갈색 바탕에 1쌍의 넓은 황갈색 세로띠가 중앙으로 나있다. 암컷의 산란통은 흑갈색이며 제5등판 길이와 비슷하다.

유충형질: 자료 없음.

숙주범위: 망고, 아보카도, 구아바, 귤류 등을 포함 다음 과들을 광범위하게 가해한 기록이 있다 - Anacardiaceae, Bromeliaceae, Combretaceae, Fabaceae, Myrtaceae, Oxalidaceae, Passifloraceae, Rosaceae, Rutaceae, Solanaceae.

가해 가능한 국내작물: 귤류 등. 다식성 해충이므로 다른 작물들도 가해할 수 있다.

분포: 사모아, 통가 등 남태평양 섬들에 광범위하게 분포.

유인제: Zingerone에 강하게 유인되며, cue-lure, raspberry ketone에도 유인됨.

DNA 바코드: 2019년 10월 현재 BOLD 데이터베이스에서 6개의 바코드를 찾을 수 있다. 이들은 바코드 계통분석 시 단일 클러스터를 이루며, 다른 종들과는 명확히 구분되므로 쉽게 동정이 가능하다.

그림 15. 키르크과실파리(*Bactrocera kirki*) 암컷(1~2줄)과 수컷(아랫줄). Photos by H.-Y. Han.

16. *Bactrocera* (*Bactrocera*) *kraussi* (Hardy, 1951)

국명: 크라우스과실파리(신칭)

영명: 없음

아과/족: Dacinae: Dacini

Dacus kraussi Hardy 1951: 156. – Australia. Queensland: Deeral. HT ♂ USNM.

검역해충 등급제안: 금지해충 금지해충 제2급 23위 - **기존등급**: 금지해충

등급분류 근거: 호주 동북부에 분포하는 주요 다식성 해충이다. 국내 작물로는 귤류를 가해할 수 있다.

진단형질: 이 종은 *B. tryoni* 및 그 근연종들과 비슷하나, 날개의 c, sc 맥실에 미모(microtrichiae)가 없으며 방패판의 황색 옆줄이 길고, 복부의 마지막 등판에 1쌍의 둥근 갈색 점이 있는 것으로 구분할 수 있다.

성충형질: 중형의 *Bactrocera*이다. 얼굴은 황갈색에 1쌍의 타원형 흑색 점이 측면 하단부 가까이 있으며, 2쌍의 이마센털과 1쌍의 안와센털을 갖고 있다. 방패판의 배경 색깔은 적갈색이며, 횡단봉합선 뒤쪽 양 옆에는 1쌍의 넓은 황색 세로띠가 작은방패판 측면 전방의 인트라알라센털에서 끝나며 중앙에는 황색 띠가 없다. 작은방패판과 어깨돌기, 날개 앞쪽에서 측판 하단 부근까지 황색이다. 작은방패판에는 1쌍의 말단센털이 있다. 다리는 대부분 황갈색이며, 뒷다리 종아리마디가 갈색이다. 날개는 투명하며 좁은 갈색 띠가 전단부를 따라 이어져서 R_{4+5}맥 말단부를 지나 M맥 말단부에 이르기 2/5쯤 전에 끝나며 띠의 말단부는 확장되지 않는다. 추가로 bcu맥실과 A맥을 따라 넓은 갈색의 띠가 있다. 복부등판들은 적갈색이며, 제3~5등판 중앙에 흑색의 세로띠가 없으나, 측면에는 넓은 세로띠가 있다. 복부의 마지막 등판에 1쌍의 둥근 갈색 점이 특이하다. 암컷의 산란통은 복부와 동일하게 적황색이며 제5등판보다 길다.

유충형질: 자료 없음.

숙주범위: 귤류, 바나나, 망고, 구아바의 해충으로 알려져 있으며, 다음과 같은 다양한 과를 가해한 기록이 있다 - Agavaceae, Anacardiaceae, Annonaceae, Apocynaceae, Clusiaceae, Combretaceae, Cunoniaceae, Davidsoniaceae, Elaeocarpaceae, Euphorbiaceae, Flacourtiaceae, Icacinaceae, Lauraceae, Lecythidaceae, Loganiaceae, Malpighiaceae, Meliaceae, Menispermaceae, Moraceae, Musaceae, Myrtaceae, Oleaceae, Oxalidaceae, Passifloraceae, Rosaceae, Rubiaceae, Rutaceae, Sapindaceae, Sapotaceae, Solanaceae, Thymeliaceae.

가해 가능한 국내작물: 귤류 등. 다식성 해충이므로 다른 작물들도 가해할 수 있다.

분포: 호주 (QLD).

유인제: Methyl isoeugenol에 강하게 유인되며, cue-lure에도 유인됨.

DNA 바코드: 2019년 10월 현재 BOLD 데이터베이스에서 3개의 바코드를 찾을 수 있으며, 이들이 1개체의 *B. trivialis*와 함께 클러스터를 형성한다. 그러나 BOLD에 수록된 다른 2개체의 *B. trivialis*는 독립적인 클러스터를 형성하므로 *B. kraussi*와 유사한 염기서열의 *B. trivialis*는 *B. kraussi*의 오동정일 가능성이 크다.

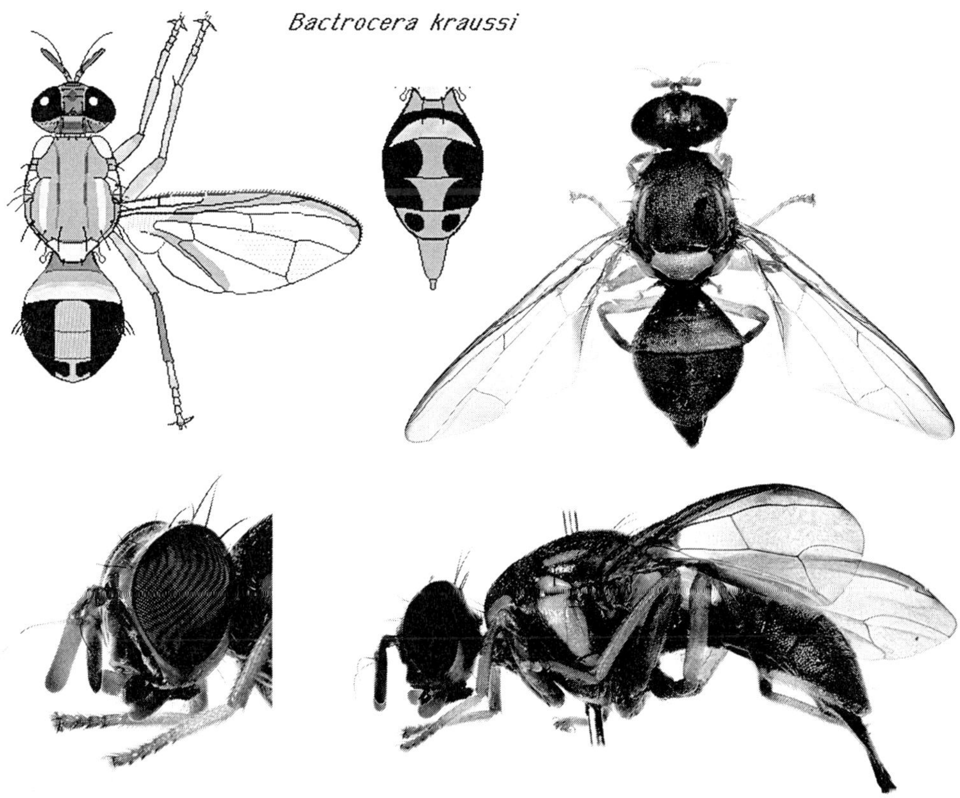

그림 16. 크라우스과실파리(*Bactrocera kraussi*). 그림(수컷 및 암컷). 사진은 암컷. Drawing courtesy of Carroll et al., Pest fruit flies of the world, www.delta-intkey.com/ffa/index.htm (as of 2019/11). Photos by H.-Y. Han.

17. *Bactrocera* (*Bactrocera*) *latifrons* (Hendel, 1915)

국명: 남방고추과실파리(신칭)

영명: Solanum fruit fly

아과/족: Dacinae: Dacini

Chaetodacus latifrons Hendel 1915: 425. – Taiwan. Tainan. Lectotype ♂ BMNH. Lectotype designated by White & Liquido 1995: 251. Suspension of I.C.Z.N. rules required to validate usage.

Dacus parvulus Hendel 1912: 21. – Taiwan. Kanshirei. Syntype ♂♀ DEI, NMW. In interest of stability, authors reject this valid prior name; see White & Liquido (1995); type data (Hardy 1968: 113).

Chaetodacus antennalis Shiraki 1933: 56. –Taiwan. Tainan. Syntype ♂♀ NTU.

검역해충 등급제안: 금지해충 제1급 9위 - **기존등급**: 금지해충

등급분류 근거: 동양구에 널리 분포하는 협식성 해충이나, 국내 주요 작물인 고추, 가지, 토마토를 가해하므로 주의할 필요가 있다.

진단형질: 이 종은 *B. musae* 종군 및 *B. dorsalis* 종군의 과실파리들과 유사하나 전체적으로 황갈색인 복부등판과 암컷의 산란관 말단부가 3부분으로 갈라진 것으로 구분 가능하다. 특히 *B. bancroftii*와 가장 비슷하며, 이 종과는 날개 전단의 가로무늬 말단부가 부풀어 있는 점으로 구분할 수 있다.

성충형질: 중형의 *Bactrocera*이다. 얼굴은 황갈색에 1쌍의 타원형 흑색 점이 측면 하단부 가까이 있으며, 2쌍의 이마센털과 1쌍의 안와센털을 갖고 있다. 방패판은 대부분 흑색이며 측면과 후면에 갈색부분이 섞여있다. 방패판 횡단봉합선 뒤쪽 양옆에는 1쌍의 넓은 황색 세로띠가 작은방패판 측면 전방의 인트라알라센털에서 끝나며 중앙에는 황색 띠가 없다. 작은방패판과 어깨돌기, 날개 앞쪽에서 측판 하단부근까지 황색이다. 작은방패판에는 1쌍의 말단센털이 있다. 다리의 넓적다리마디들은 모두 황색-황갈색이며 점이 없으며, 뒷다리 종아리마디는 어두운 색을 띠는 경우가 많다. 날개는 투명하며 좁은 황갈색 띠가 전단부를 따라 R_{2+3}맥을 지나 R_{4+5}맥을 약간 지나서 끝나며, 끝 부분이 약간 확장된다. 추가로 bcu맥실과 A맥을 따라 좁은 황갈색 띠가 있다. 복부등판들과 산란통은 전체적으로 황갈색이다.

유충형질: White & Elson-Harris (1992) 210쪽 참조.

숙주범위: 가지과인 고추, 가지, 토마토의 주요 해충으로 알려져 있으나, 다음 과의 다양한 식물들을 가해한 기록이 있다 - Lythraceae, Myrtaceae, Oleaceae, Passifloraceae, Punicaceae, Rhamnaceae, Rutaceae, Sapindaceae, Solanaceae, Verbenaceae.

가해 가능한 국내작물: 고추, 가지, 토마토 등의 가지과 작물.

분포: 인도, 스리랑카, 파키스탄에서 동남아시아, 중국 남부, 대만과 일본까지 분포. 하와이 탄자니아에 정착.

유인제: Alpha-ionol과 cade oil에 어느 정도 유인이 됨.

DNA 바코드: 2019년 10월 현재 BOLD 데이터베이스에 100개 이상의 바코드가 입력되어 있다. 바코드 분석 시 명확히 구분되는 클러스터를 이루며, 바코드 거리가 1% 이내로 일치하는 개체들의 동정이 가능한 것으로 사료된다. 바코드 계통분석에 따르면 *B. bryoniae*의 근연종으로 보인다.

그림 17. 남방고추과실파리(*Bactrocera latifrons*, 수컷 및 암컷). Drawing (male) courtesy of Carroll et al., Pest fruit flies of the world, www.delta-intkey.com/ffa/index.htm (as of 2019/11). Photos (female) by H.-Y. Han.

18. *Bactrocera* (*Bactrocera*) *melanotus* (Coquillett, 1909)

국명: 쿡제도과실파리(신칭)

영명: 없음

아과/족: Dacinae: Dacini

Dacus melanotus Coquillett 1909: 13. — Cook Is. LT ♂ USNM. Lectotype designated by Drew 1989: 144.

Dacus rarotongae Froggatt 1911: 872. — Cook Is. Rarotonga. ST ♂♀ NSWA?

검역해충 등급제안: 금지해충 제2급 28위 - **기존등급**: 없음

등급분류 근거: 남태평양의 쿡제도에만 분포하며, 파파야와 귤류를 가해하는 심각한 해충이다. 다식성 해충이므로 검역적으로 주의할 필요가 있다.

진단형질: 비교적 독특하게 생긴 *Bactrocera*로서, 어깨돌기와 중앙측판세로띠 및 후측판세로띠는 황백색이나, 작은방패판을 포함한 가슴의 대부분, 복부 등은 흑갈색이다.

성충형질: 중형의 *Bactrocera*이다. 얼굴은 황갈색이며 하단부의 점은 없거나 희미하다, 2쌍의 이마센털과 1쌍의 안와센털을 갖고 있다. 방패판은 대부분 흑갈색이며 띠가 없다. 어깨돌기와 중앙측판세로띠 및 후측판세로띠는 황백색이나, 작은방패판을 포함한 가슴의 대부분은 흑갈색이다. 작은방패판에는 1쌍의 말단센털이 있다. 다리는 대부분 어두운 색을 띠는 경우가 많다. 날개는 투명하며 좁은 연갈색 띠가 전단부를 따라 R_{2+3}맥을 지나 R_{4+5}맥을 약간 지나서 끝나며, 끝 부분이 약간 확장된다. bcu맥실은 황갈색이다. 복부등판들과 산란통은 전체적으로 흑갈색이다.

유충형질: 자료 없음.

숙주범위: 귤류, 구아바, 망고, 파파야를 비롯한 다음 과들을 가해한 기록이 있다 - Anacardiaceae, Caricaceae, Combretaceae, Fabaceae, Myrtaceae, Rutaceae, Sapindaceae.

가해 가능한 국내작물: 귤류 등. 다식성 해충이므로 다른 작물들도 가해할 수 있다.

분포: 쿡제도에 한정되어 분포한다.

유인제: Cue-lure.

DNA 바코드: 2019년 10월 현재 BOLD 데이터베이스에 3개의 바코드가 입력되어 있다. 바코드 분석 시 명확히 구분되는 클러스터를 이루며, 바코드 거리가 0.5% 이내로 일치하는 개체들의 동정이 가능한 것으로 사료된다.

그림 18. 쿡제도과실파리(*Bactrocera melanotus,* 수컷). Drawing (female) courtesy of Carroll et al., Pest fruit flies of the world, www.delta-intkey.com/ffa/index.htm (as of 2019/11). Photos (female) by H.-Y. Han.

19. *Bactrocera* (*Bactrocera*) *musae* (Tryon, 1927)

국명: 바나나과실파리

영명: Banana fruit fly

아과/족: Dacinae: Dacini

Chaetodacus musae Tryon 1927: 197. – Australia. Queensland: Meringa. LT ♀ QMBA. Lectotype designated by Drew 1989: 93.

Chaetodacus musae var. *dorsopicta* Tryon 1927: 198. – not stated [probably Australia. Queensland]. T AQMBA.

Dacus nigrofasciatus Tryon 1927: 197. – Nomen nudum. Fiji. T A NSWA? Published in synonymy, not subsequently validated by usage. Attributed to Froggatt.

Chaetodacus tryoni var. *musa* Tryon 1927: 187. – Nomen nudum. Australia. Geraldton; Gympie; Buderim Mountain; & Stanthorpe Districts. ST A QMBA. Published without diagnosis or indication. See Drew (1989: 93).

Chaetodacus musae var. *dorso-picta* Tryon 1927: 198. – incosp. dorospicta Tryon.

검역해충 등급제안: 금지해충 제3급 52위 - **기존등급:** 없음

등급분류 근거: 바나나의 주요 해충이나, 9개 식물과의 다양한 종들을 가해한 기록이 있어 주의가 요망된다.

진단형질: 이 종은 *B. musae* 종군 및 *B. dorsalis* 종군의 과실파리들과 유사하며, 체색과 패턴에 변이가 심하다. 특히 *B. bancroftii*와 유사하나, 작은방패판이 전체적으로 노란색이며, 날개 전단의 갈색 띠가 더 넓은 것으로 구분할 수 있다.

성충형질: 중형의 *Bactrocera*이다. 얼굴은 황갈색에 1쌍의 타원형 흑색 점이 측면 하단부 가까이 있으며, 2쌍의 이마센털과 1쌍의 안와센털을 갖고 있다. 방패판은 대부분 흑색인 것들도 있으나, 측면과 후면에 갈색부분이 섞여있거나, 전체적으로 갈색인 개체들도 있다. 방패판 횡단봉합선 뒤쪽 양 옆에는 1쌍의 넓은 황색 세로띠가 작은방패판 측면 전방의 인트라알라센털에서 끝나며 중앙에는 황색 띠가 없다. 작은방패판과 어깨돌기, 날개 앞쪽에서 측판 하단 부근까지 황색이다. 작은방패판에는 1쌍의 말단센털이 있다. 날개는 투명하며 넓은 황갈색 띠가 전단부를 따라 R_{2+3}맥을 지나 R_{4+5}맥을 약간 지나서 끝나며, 끝 부분이 확장되지 않는다. 추가로 bcu맥실과 A맥을 따라 좁은 황갈색 띠가 있다. 복부 무늬는 변이가 심하며, 제1등판은 갈색, 제2등판은 중앙에 좁은 갈색 가로띠가 있거나 없다, 수컷 제3~5등판에는 가는 갈색 T-무늬가 있거나, 부분적으로 없거나, 전혀 없는 개체까지 변이가 심하다.

유충형질: 자료 없음.

숙주범위: 바나나의 주요해충으로서 다음 9개 식물과를 가해한 기록이 있다 - Capparaceae, Caricaceae, Musaceae, Myrtaceae, Olacaceae, Passifloraceae, Rubiaceae, Rutaceae, Solanaceae.

가해 가능한 국내작물: 국내 노지재배작물의 해충으로 알려져 있지는 않으나, 협식성이므로 다른 작물의 위해 가능성도 있다.

분포: 뉴기니, 호주(Qld.), 비스마르크제도, 솔로몬제도.

유인제: Methyl eugenol.

DNA 바코드: 2019년 10월 현재 BOLD 데이터베이스에 33개의 바코드가 입력되어 있다. 바코드 분석 시 명확히 구분되는 클러스터를 이루며, 바코드 거리가 1% 이내로 일치하는 개체들의 동정이 가능한 것으로 사료된다.

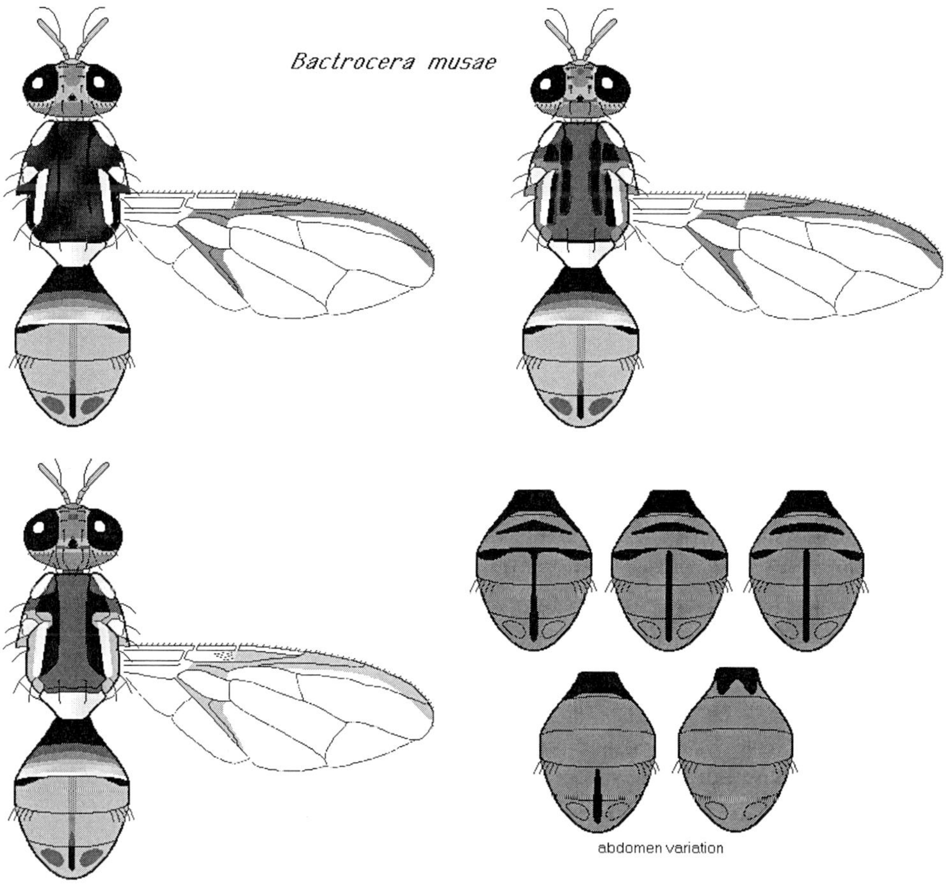

그림 19. 바나나과실파리(*Bactrocera musae* 수컷, 다양한 변이형들). Drawings courtesy of Carroll et al., Pest fruit flies of the world, www.delta-intkey.com/ffa/index.htm (as of 2019/11).

20. *Bactrocera* (*Bactrocera*) *neohumeralis* (Hardy, 1951)

국명: 작은퀸즐랜드과실파리
영명: Lesser Queensland fruit fly
아과/족: Dacinae: Dacini

Dacus tryoni var. *neohumeralis* Hardy 1951: 169. — New name for *humeralis* Perkins 1934.
Chaetodacus humeralis Perkins 1934: 42. — Australia. Queensland: Cairns. Lectotype ♀ QMBA. Preoccupied by Bezzi (1915); Lectotype designated by Drew 1989: 115.
Chaetodacus tryoni var. *sarcocephali*: Tryon 1927: 188. — misidendification in part, see Drew 1989: 114.

검역해충 등급제안: 금지해충 제1급 8위 - **기존등급**: 금지해충
등급분류 근거: 호주, 파푸아뉴기니에 분포하며 매우 다양한 과를 가해하는 다식성 해충이다. 국내 작물로는 귤류, 복숭아, 자두, 살구, 배, 대추 등을 가해할 수 있다.
진단형질: *Bactrocera neohumeralis*는 계통적으로 *B. tryoni* 및 *B. aquilonis*와 매우 유사하나, 이들과는 어깨돌기가 방패판과 비슷하게 어두운 색인 점으로 쉽게 구분할 수 있다.
성충형질: 중형의 *Bactrocera*이다. 얼굴은 황갈색에 1쌍의 타원형 흑색 점이 측면 하단부 가까이 있으며, 2쌍의 이마센털과 1쌍의 안와센털을 갖고 있다. 방패판의 배경 색깔은 적갈색이며, 횡단봉합선 뒤쪽 양 옆에는 1쌍의 넓은 황색 세로띠가 작은방패판 측면 전방의 인트라알라센털 바로 앞에서 끝나며 중앙에는 황색 띠가 없다. 작은방패판, 날개 앞쪽에서 측판 하단 부근까지 황색이다. 작은방패판에는 1쌍의 말단센털이 있다. 다리는 대부분 황갈색이며, 뒷다리 종아리마디가 짙은 갈색이다. 날개는 투명하며 좁은 갈색 띠가 전단부를 따라 이어져서 R_{4+5}맥 말단부를 지나 M맥 말단부에 이르기 2/5쯤 전에 끝나며 띠의 말단부는 확장되지 않는다. 추가로 bcu맥실과 A맥을 따라 넓은 갈색의 띠가 있다. 제1+2복부등판은 황갈색에서 적갈색이며, 제3등판은 일반적으로 흑색이며, 제4~5등판도 거의 흑색이나 중앙부의 좁은 흑색의 세로띠 양쪽에 좁은 적갈색 부분이 있다. 암컷의 산란통은 복부와 동일하게 적황색이며 제5등판과 길이가 비슷하다.
유충형질: White & Elson-Harris (1992) 220쪽 참조.
숙주범위: 호주와 파푸아뉴기니에서 매우 다양한 작물을 가해하는 다식성 해충 - Anacardiaceae, Annonaceae, Apocynaceae, Arecaceae, Basellaceae, Cactaceae, Capparaceae, Caricaceae, Celastraceae, Chrysobalanaceae, Clusiaceae, Combretaceae, Davidsoniaceae, Ebenaceae, Elaeocarpaceae, Euphorbiaceae, Flacourtiaceae, Hippocraterceae, Lauraceae, Leeaceae, Lecythidaceae, Malpighiaceae, Melastomataceae, Meliaceae, Moraceae, Musaceae, Myrtaceae, Olacaceae, Oleaceae, Oxalidaceae, Passifloraceae, Piperaceae, Rhamnaceae, Rhizophoraceae, Rosaceae, Rubiaceae, Rutaceae, Santalaceae, Sapindaceae, Sapotaceae, Smilacaceae, Solanaceae, Verbenaceae, Vitaceae
가해 가능한 국내작물: 귤류, 복숭아, 자두, 살구, 배, 대추 등. 다식성 해충이므로 다른 작물들도 가해할 수 있다.
분포: 호주 동부에서 흔한 해충이며 파푸아뉴기니까지 분포한다.
유인제: Cue-lure.
DNA 바코드: 2019년 10월 현재 BOLD 데이터베이스에 10개체가 입력되어 있다. 그

러나 근연종인 *B. aquilonis, B. curvipennis, B. erubescentis, B. tryoni* 등과 바코드로 구분되지 않는다. 이들의 종 문제 해결이 선결되어야 할 상황이다.

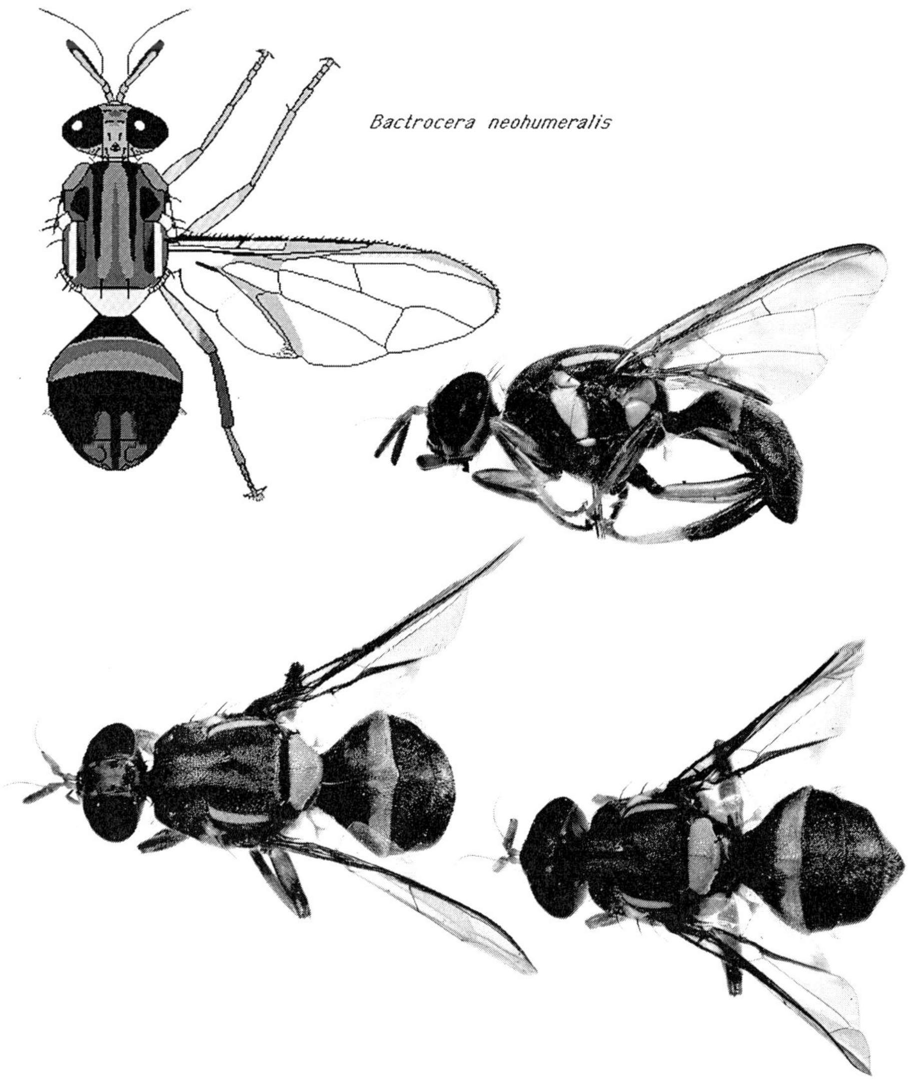

그림 20. 작은퀸즐랜드과실파리(*Bactrocera neohumeralis*) 수컷. Drawing courtesy of Carroll et al., Pest fruit flies of the world, www.delta-intkey.com/ffa/index.htm (as of 2019/11). Photos by H.-Y. Han.

21. *Bactrocera* (*Bactrocera*) *occipitalis* (Bezzi, 1919)

국명: 필리핀귤과실파리(신칭)

영명: 없음

아과/족: Dacinae: Dacini

Chaetodacus ferrugineus var. *occipitalis* Bezzi 1919: 423. – Philippines. Luzon, Laguna: Los Banos; Mt. Maquiling [Mt. Makiling]; Mt. Banahao; Mindanao, Davao. ST ♂♀ Baker. Lectotype designated by Hardy 1969: 479 invalid, McGregor specimens not ST; ST currently in MCSNM.

검역해충 등급제안: 금지해충 제2급 34위 - **기존등급:** 없음

등급분류 근거: 귤규, 구아바, 망고 등을 가해하는 협식성 해충이다. 한국 재배식물로는 귤류를 가해하므로 주의할 필요가 있다.

진단형질: *Bactrocera dorsalis* 및 *B. carambolae*와 유사하다. 날개 전단의 띠는 *B. carambolae*와 비슷하게 R_{2+3}맥 말단부에서 좁아지지는 않으나, *B. dorsalis*와 비슷하게 이 띠의 말단부가 넓어지지 않는다.

성충형질: 중형의 *Bactrocera*이다. 얼굴은 황갈색에 1쌍의 타원형 흑색 점이 측면 하단부 가까이 있으며, 2쌍의 이마센털과 1쌍의 안와센털을 갖고 있다. 방패판의 색깔은 흑색이며, 방패판 횡단봉합선 뒤쪽 양 옆에는 1쌍의 넓은 황색 세로띠가 작은방패판 측면 전방의 인트라알라센털에서 끝나며 중앙에는 황색 띠가 없다. 작은방패판과 어깨돌기, 날개 앞쪽에서 측판 하단 부근까지 황색이다. 작은방패판에는 1쌍의 말단센털이 있다. 넓적다리마디들은 모두 황색-황갈색이며 점이 없다. 앞다리 종아리마디는 옅은 갈색이며 뒷다리 종아리마디는 짙은 갈색이다. 날개는 투명하며 좁은 갈색 띠가 전단부를 따라 R_{4+5}맥을 약간 지나서 끝나며, 끝 부분이 확장되지 않는다. 추가로 bcu맥실과 A맥을 따라 좁은 갈색 띠가 있다. 복부등판들은 적황색 바탕색을 가지며, 제3~5등판은 각각 중앙부에는 상대적으로 넓은 흑색의 세로띠와, 제3~4등판 측면에는 넓은 세로띠가 있으며, 제3등판의 띠들은 앞쪽에서 연결되어 있다. 암컷의 산란통은 복부와 동일하게 적황색이며 바로 제5등판과 길이가 비슷하다.

유충형질: 자료 없음.

숙주범위: 귤류, 망고, 구아바를 비롯한 다음 과들을 가해한 기록이 있다 - Anacardiaceae, Myrtaceae, Rutaceae.

가해 가능한 국내작물: 귤류 등. 협식성이므로 다른 작물의 위해 가능성도 있다.

분포: 필리핀, 보루네오.

유인제: Methyl eugenol.

DNA 바코드: 2019년 10월 현재 BOLD 데이터베이스에 30개의 바코드가 입력되어 있으며, 모두 다운로드 가능하다. 이들 모두가 바코드 분석 시 명확히 구분되는 클러스터를 이루나, *B. dorsalis* 2개, *B. cognata* 2개, *B. makilingensis* 1개가 섞여있다. *B. dorsalis*는 오동정이 확실한 것 같으나, 나머지 2종의 오동정 또는 근연종 여부는 확인할 필요가 있다.

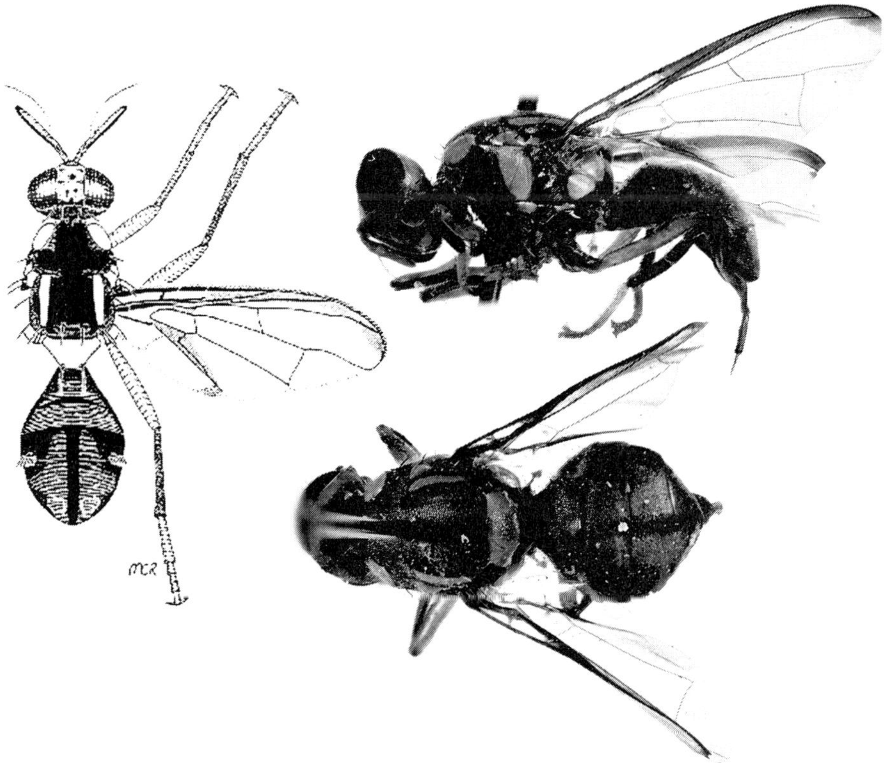

그림 21. 필리핀귤과실파리(*Bactrocera occipitalis*). Drawing (male) courtesy of Carroll et al., Pest fruit flies of the world, www.delta-intkey.com/ffa/index.htm (as of 2019/11). Photos (female) by H.-Y. Han.

22. *Bactrocera* (*Bactrocera*) *passiflorae* (Froggatt, 1911)

국명: 피지과실파리

영명: Fijian fruit fly

아과/족: Dacinae: Dacini

Dacus passiflorae Froggatt 1911: 870. — Fiji. LT ♂ NSWA. Lectotype designated by Drew 1989: 151.

검역해충 등급제안: 금지해충 제2급 29위 - **기존등급**: 없음

등급분류 근거: 캐슈넛, 파파야, 귤류, 가지, 아보카도를 비롯한 많은 숙주식물을 가해하는 주요 해충이다. 피지와 인근 도서에만 분포하나, 다식성 해충이므로 검역적으로 주의할 필요가 있다.

진단형질: 얼굴에 점이 없고, 가슴과 복부가 대부분 흑색인 점으로 쉽게 구분할 수 있다.

성충형질: 소형의 *Bactrocera*이다. 얼굴은 황색이며 점이 없으며, 2쌍의 이마센털과 1쌍의 안와센털을 갖고 있다. 방패판은 전체적으로 흑색이며 작은방패판, 등옆판 후반부, 날개 앞쪽 측판 상단에서 중앙까지, 옆등판은 황색이다. 작은방패판에는 1쌍의 말단센털이 있다. 다리는 대부분 황갈색이다. 날개는 투명하며, 좁은 갈색 띠가 전단부를 따라 R_{4+5}맥을 약간 지나서 끝나며, 끝 부분이 확장되지 않는다. 추가로 bcu맥실과 A맥을 따라 좁은 갈색 띠가 있다. 복부등판들은 전체적으로 광택이 있는 흑색이다.

유충형질: 자료 없음.

숙주범위: 캐슈넛, 그라나딜라, 파파야, 아보카도, 라임, 구아바, 귤류, 가지, 망고, 코코아, 패션프루트 등을 포함하는 28개 과(Leblanc et al., 2012)를 가해한 기록이 있다.

가해 가능한 국내작물: 귤류, 가지 등. 다식성 해충이므로 다른 작물들도 가해할 수 있다.

분포: 피지, 통가, 니우에 등지에 분포한다.

유인제: Cue-lure.

DNA 바코드: 2019년 10월 현재 BOLD 데이터베이스에 12개의 바코드가 입력되어 있으며, 모두 다운로드 가능하다. 바코드 분석 시 일부 *B. xanthodes* 개체들과 같은 클러스터를 이룬다. 외형적으로 이 두 종은 명확히 구분되며, *B. xanthodes* 개체들이 명확히 2개의 클러스터를 이루므로 분류학적인 문제가 있는 것으로 사료된다.

그림 22. 피지과실파리(*Bactrocera passiflorae*) 수컷. Photos by H.-Y. Han.

23. *Bactrocera* (*Bactrocera*) *psidii* (Froggatt, 1899)

국명: 남태평양과실파리(신칭)

영명: 없음

아과/족: Dacinae: Dacini

Tephritis psidii Froggatt 1899: 500. – New Caledonia. Noumea. ST ♂♀ NSWA?

Dacus ornatissimus Froggatt 1909: 93. – New Caledonia. ST A NSWA? Lectotype designated by Drew 1989: 157 invalid, ex. guava, but ST bred from mandarins.

Dacus virgatus Coquillett 1909: 13. – Tonga I. HT ♀ USNM.

검역해충 등급제안: 금지해충 제2급 27위 - **기존등급:** 없음

등급분류 근거: 뉴칼레도니아에 분포하며, 많은 작물을 가해하는 심각한 다식성 해충이다, 국내 작물로는 귤류를 가해할 수 있다.

진단형질: 얼굴에 점이 작고 흐리거나, 일부 개체에서는 없다. 방패판은 흑색이며, 어깨돌기, 측면 띠가 황색이다. 작은방패판은 검정색 바탕에 측면과 뒷면 가장자리가 넓게 황색인 점이 특이하다.

성충형질: 중형의 *Bactrocera*이다. 얼굴은 황갈색에 1쌍의 작고 흐린 점이 측면 하단부 가까이 있으며, 없는 개체들도 꽤 있다. 2쌍의 이마센털과 1쌍의 안와센털을 갖고 있다. 방패판의 배경 색깔은 흑갈색이며, 횡단봉합선 뒤쪽 양 옆에는 1쌍의 황색 세로띠가 작은방패판 측면 전방의 인트라알라센털 바로 앞에서 끝나며 중앙에는 황색 띠가 없다. 작은방패판, 날개 앞쪽의 등옆판 후반부 및 그 아래로 측판 중앙까지 황색의 띠를 형성하며, 옆등판도 황색이다. 작은방패판에는 1쌍의 말단센털이 있다. 다리는 전체적으로 황갈색을 띤다. 날개는 투명하며 좁은 연갈색 띠가 전연문(pterostigma)부터 전단부를 따라 이어져서 R_{4+5}맥 말단부를 지나 M맥 말단부에서 끝나며 띠의 말단부는 확장되지 않는다. 추가로 bcu맥실과 A맥을 따라 넓은 연갈색의 띠가 있다. 복부등판들은 전체적으로 흑갈색이며, 개체에 따라 제2~4등판 중앙부에 1쌍의 갈색 세로띠를 보이는 것들도 있다.

유충형질: 자료 없음.

숙주범위: 귤류, 구아바, 망고를 비롯한 다음 과들을 가해한 기록이 있다. Euphorbiaceae, Malpighiaceae, Moraceae, Myrtaceae, Oxalidaceae, Passifloraceae, Punicaceae, Rosaceae, Rutaceae, Vitaceae.

가해 가능한 국내작물: 귤류 등. 다식성 해충이므로 다른 작물들도 가해할 수 있다.

분포: 뉴칼레도니아, 통가, 서사모아 등지에 분포.

유인제: Cue-lure, raspberry ketone.

DNA 바코드: 2019년 10월 현재 BOLD 데이터베이스에 4개의 바코드를 찾을 수 있다. 이들은 바코드 계통분석 시 명확히 구분되는 클러스터를 이루므로 쉽게 동정이 가능하다.

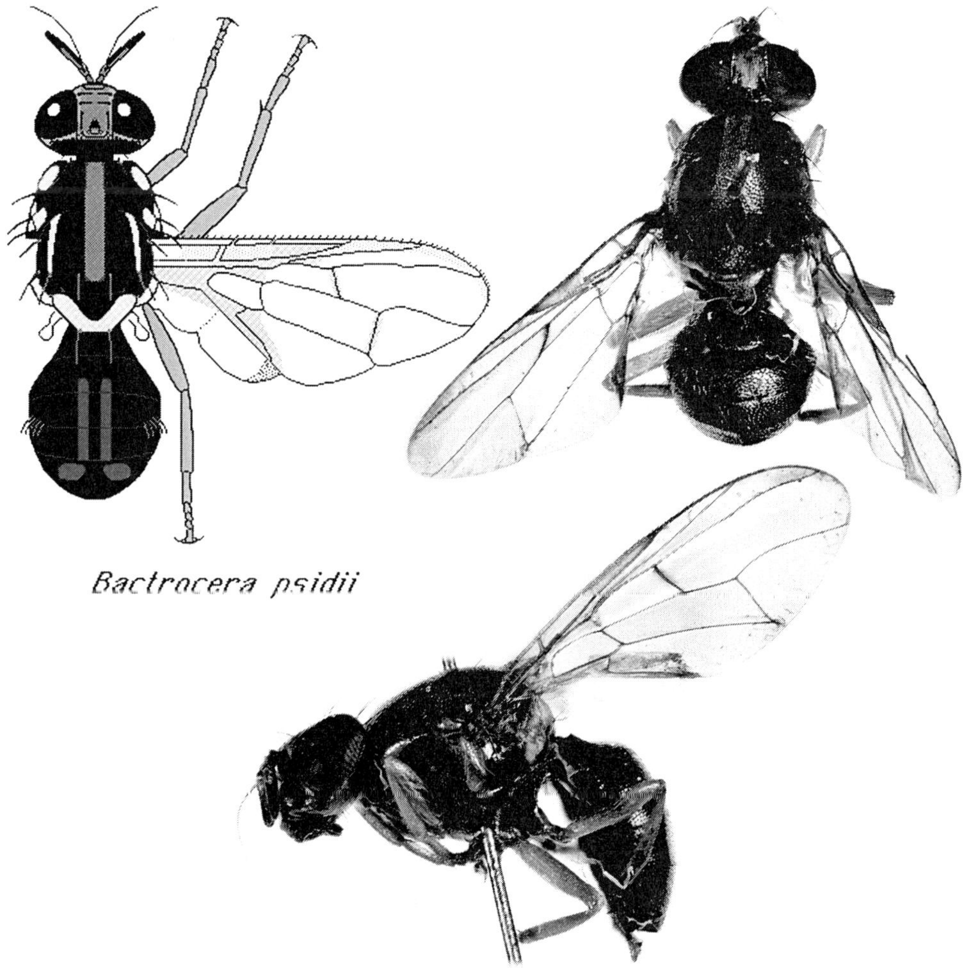

그림 23. 남태평양과실파리(*Bactrocera psidii*) 수컷. Color drawing, courtesy of Carroll et al., Pest fruit flies of the world, www.delta-intkey.com/ffa/index.htm (as of 2019/11). Photos by H.-Y. Han.

24. *Bactrocera* (*Bactrocera*) *pyrifoliae* Drew & Hancock, 1994

국명: 태국복숭아과실파리(신칭)

영명: 없음

아과/족: Dacinae: Dacini

Bactrocera pyrifoliae Drew & Hancock 1994: 55. — Thailand. Chiang Rai: Wawi. HT ♀ BMNH.

검역해충 등급제안: 금지해충 금지해충 제3급 43위 - **기존등급**: 없음

등급분류 근거: 베트남과 태국의 북부에 서식하며 주로 핵과류를 가해하는 해충이다. 한국에서는 복숭아, 배 등을 가해할 위험이 있다.

진단형질: 이 종은 *B. dorsalis* 종군에 속하며, 복부등판3~5가 각각 중앙에 T-자 무늬를 갖는 것으로 구분된다(일부 표본에서는 이 무늬가 축소되어 중앙의 I-자 만 남아 있다).

성충형질: 중형의 *Bactrocera*이다. 얼굴은 황갈색에 1쌍의 타원형 흑색 점이 측면 하단부 가까이 있으며, 2쌍의 이마센털과 1쌍의 안와센털을 갖고 있다. 방패판의 색깔은 흑색에서 갈색 섞여있으며 흑색이 우세하다. 방패판 횡단봉합선 뒤쪽 양 옆에는 1쌍의 넓은 황색 세로띠가 작은방패판 측면 전방의 인트라알라센털에서 끝나며 중앙에는 황색 띠가 없다. 작은방패판과 어깨돌기, 날개 앞쪽에서 측판 하단부근까지 황색이다. 작은방패판에는 1쌍의 말단센털이 있다. 넓적다리마디들은 모두 황색-황갈색이며 앞다리 넓적다리마디 말단부에 갈색 점이 있다. 종아리마디들은 넓적다리마디보다 어두운 색을 띤다. 발목마디는 황갈색이다. 날개는 투명하며 좁은 갈색 띠가 전단부를 따라 R_{2+3}맥 끝에 이르러 급격히 좁아지며, 다시 약간 넓어져서 R_{4+5}맥을 약간 지나서 끝나며, 끝 부분이 확장되지 않는다. 추가로 bcu맥실과 A맥을 따라 좁은 갈색 띠가 있다. 복부등판들은 황갈색-갈색 바탕에 흑갈색 무늬가 있다. 일반적으로 제3~5등판들이 각각 중앙에 T-자 무늬를 가지나, 일부 표본에서는 이 무늬가 축소되어 중앙의 I-자 만 남아 있다. 암컷의 산란통은 황갈색이며 제5등판보다 길다.

유충형질: 자료 없음.

숙주범위: 다음 5개 과를 가해한 기록이 있다 - Araliaceae, Euphorbiaceae, Myrtaceae, Polygalaceae, Rosaceae. 특히 장미과(복숭아, 배 등)를 선호하는 것으로 알려져 있음.

가해 가능한 국내작물: 복숭아, 배 등. 협식성이므로 다른 작물의 위해 가능성도 있다.

분포: 태국, 베트남.

유인제: Cue-lure에 약하게 유인됨.

DNA 바코드: 2019년 10월 현재 BOLD 데이터베이스에 수록된 바코드가 없다.

그림 24. 태국복숭아과실파리(*Bactrocera pyrifoliae*) 수컷(1~2줄)과 암컷(아랫줄). Photos by H.-Y. Han.

25. *Bactrocera* (*Bactrocera*) *trilineola* Drew, 1989

국명: 바누아투과실파리(신칭)

영명: 없음

아과/족: Dacinae: Dacini

Bactrocera trilineola Drew 1989: 78. – n. n. triseriatus Drew 1971.
Bactrocera distotriseriata Hardy 1989: 504. – n. n. triseriatus Drew 1971.
Dacus triseriatus Drew 1971: 90. – Vanuatu. Efate I.: Vila. HT ♂ QMBA. Preocc. Curran 1927.

검역해충 등급제안: 금지해충 제2급 30위 - **기존등급**: 없음

등급분류 근거: 바누아투에 서식하며 망고 등 다양한 작물을 가해하는 주요해충이다. 국내 노지작물의 해충으로 알려져 있지는 않으나, 다식성이므로 검역적으로 주의할 필요가 있다.

진단형질: 이 종의 날개 무늬는 3개의 띠가 사선으로 나란히 있는 것으로 *B. albistrigata* 및 *B. frauenfeldi*와 비슷하나, 얼굴이 전체적으로 흑갈색이며, 방패판이 흑갈색, 작은방패판이 흑갈색 바탕에 측면이 황색인 점으로 쉽게 구분 가능하다.

성충형질: 중형의 *Bactrocera*이다. 머리는 황갈색 바탕에 얼굴은 거의 전체적으로 흑갈색이며, 2쌍의 이마센털과 1쌍의 안와센털을 갖고 있다. 방패판은 흑갈색이며, 황색 띠가 없다. 작은방패판은 흑갈색이며 양쪽 측면이 황색이다. 날개 앞쪽의 등옆판 후반부 및 그 아래로 측판 중앙까지 황색의 띠를 형성하며, 옆등판도 황색이다. 작은방패판에는 1쌍의 말단센털이 있다. 다리는 대부분 황갈색이며, 뒷다리 넓적다리마디 말단 1/3과 종아리마디는 갈색을 띤다. 날개는 투명하며 좁은 연갈색 띠가 전연문(pterostigma)부터 전단부를 따라 이어져서 R_{4+5}맥 말단부를 지나 M맥 말단부에서 끝나며 띠의 말단부는 확장되지 않는다. 추가로 bcu맥실과 A맥을 따라 넓은 갈색의 띠가 있다 또한 전연문(pterostigma) 아래부터 R-M맥과 R_{4+5}맥을 따라 사선의 갈색무늬가 있다. 제2~5복부등판은 흑갈색 바탕에 1쌍의 넓은 황갈색 세로띠가 중앙으로 나있다. 암컷의 산란통은 흑갈색이며 제5등판보다 약간 짧다.

유충형질: 자료 없음.

숙주범위: 망고를 비롯하여, 다음 과들을 포함하는 17개 과를 가해한 기록이 있다 - Anacardiaceae, Annonaceae, Caricaceae, Caesalpinaceae, Combretaceae, Lauraceae, Moraceae, Musaceae, Myrtaceae, Oxalidaceae, Rutaceae, Sapindaceae.

가해 가능한 국내작물: 국내 노지재배작물의 해충으로 알려져 있지는 않으나, 다식성 해충이므로 주의할 필요가 있다.

분포: 바투아누에 한정되어 분포한다.

유인제: Cue-lure, raspberry ketone.

DNA 바코드: 2019년 10월 현재 BOLD 데이터베이스에 4개의 바코드를 찾을 수 있으며 계통분석 시 바코드 거리 2% 이내로 일치하는 클러스터를 이룬다.

그림 25. 바누아투과실파리(*Bactrocera trilineola*)의 수컷. Photos by H.-Y. Han.

26. *Bactrocera* (*Bactrocera*) *trivialis* (Drew, 1971)

국명: 뉴기니과실파리(신칭)

영명: 없음

아과/족: Dacinae: Dacini

Dacus trivialis Drew 1971: 93. – Papua New Guinea. Western: Kiwai I. HT ♂ QMBA.

검역해충 등급제안: 금지해충 제2급 35위 - **기존등급**: 금지해충

등급분류 근거: 뉴기니에 주로 서식하며 10개 식물과를 가해한 기록이 있는 협식성 해충이다. 한국 재배식물로는 고추, 복숭아를 가해할 수 있다.

진단형질: 이 종은 *B. tryoni*와 비슷하나, 방패판이 흑색이며, 복부의 등면에 중앙띠가 없고, 제3복부등판이 전체적으로 짙은 갈색인 점으로 구분될 수 있다.

성충형질: 중형의 *Bactrocera*이다. 얼굴은 황갈색에 1쌍의 타원형 흑색 점이 측면 하단부 가까이 있으며, 2쌍의 이마센털과 1쌍의 안와센털을 갖고 있다. 방패판의 배경 색깔은 흑갈색이며, 횡단봉합선 뒤쪽 양 옆에는 1쌍의 넓은 황색 세로띠가 작은방패판 측면 전방의 인트라알라센털을 지나서 끝나며 중앙에는 황색 띠가 없다. 작은방패판과 어깨돌기는 황색이다. 날개 앞쪽의 등옆판 후반부 및 그 아래로 측판 중앙을 지나 중흉앞하옆판 상부까지 황색의 띠를 형성하며, 옆등판도 황색이다. 작은방패판에는 1쌍의 말단센털이 있다. 다리는 채색 패턴이 암수가 다르다. 암컷의 넓적다리마디의 경우 앞다리, 중간다리, 뒷다리 말단 1/3이 흑갈색인 반면, 수컷은 전체적으로 황갈이며, 뒷다리 종아리마디만 좀 어둡다. 날개는 투명하며 좁은 갈색 띠가 전단부를 따라 이어져서 R_{4+5}맥 말단부를 지나 바로 끝나며 띠의 말단부는 확장되지 않는다. 추가로 bcu맥실과 A맥을 따라 좁은 갈색의 띠가 있다. 복부등판들은 적황색에서 짙은 갈색이며 뚜렷한 중앙 세로띠가 없으며, 제3등판이 전체적으로 짙은 갈색이다 암컷의 산란통은 복부에서 볼 수 있는 적황색이다.

유충형질: 자료 없음.

숙주범위: 고추, 자몽, 망고, 복숭아, 구아바를 포함하는 다음 과들을 가해한 기록이 있다 - Anacardiaceae, Combretaceae, Euphorbiaceae, Myrtaceae, Rosaceae, Rutaceae, Santalaceae, Solanaceae.

가해 가능한 국내작물: 고추, 복숭아 등. 협식성이므로 다른 작물의 위해 가능성도 있다.

분포: 인도네시아(Sulawesi), 뉴기니, 호주(Torres St.).

유인제: Cue-lure.

DNA 바코드: 2019년 10월 현재 BOLD 데이터베이스에 4개의 바코드를 찾을 수 있다. 이들은 바코드 계통분석 시 명확히 구분되는 클러스터를 이루므로 쉽게 동정이 가능하다.

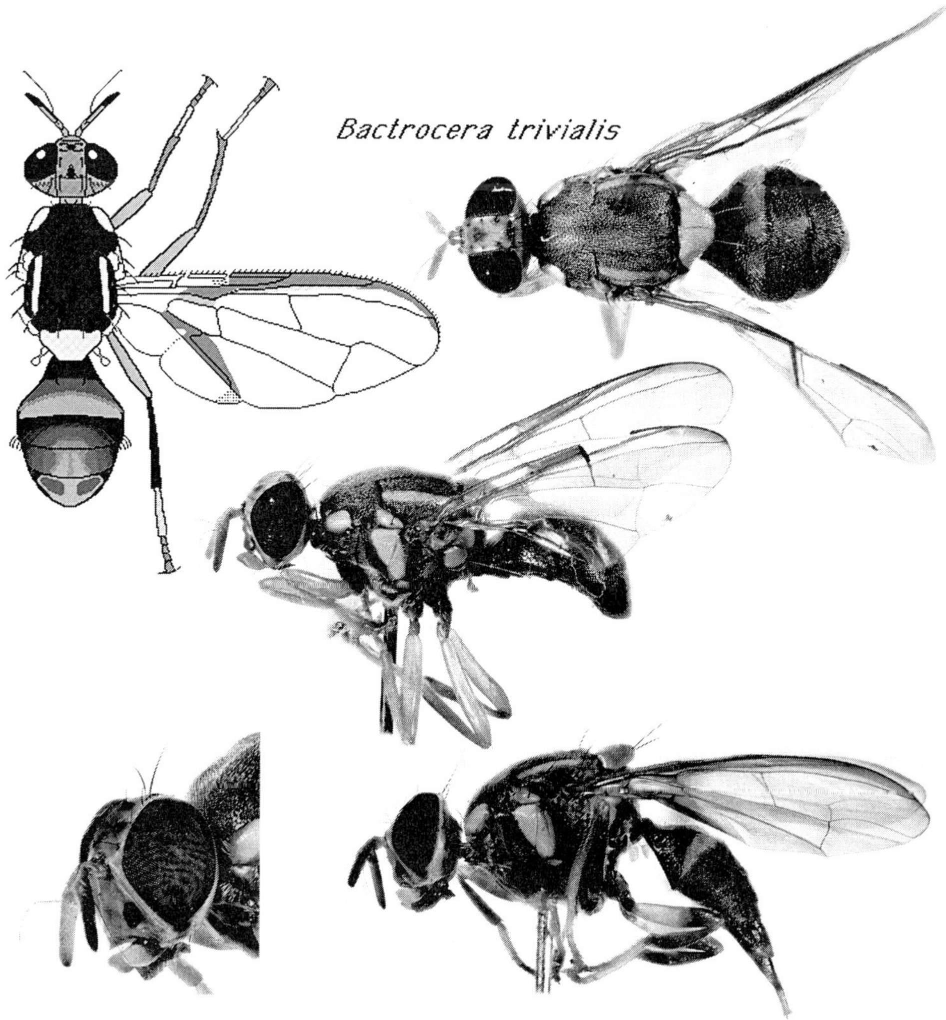

그림 26. 뉴기니과실파리(*Bactrocera trivialis*), 수컷(1~2줄), 암컷(아랫줄).
Drawing courtesy of Carroll et al., Pest fruit flies of the world, www.delta-intkey.com/ffa/index.htm (as of 2019/11). Photos by H.-Y. Han.

27. *Bactrocera* (*Bactrocera*) *tryoni* (Froggatt, 1897)

국명: 퀸즐랜드과실파리

영명: Queensland fruit fly

아과/족: Dacinae: Dacini

Tephritis tryoni Froggatt 1897: 410. — Australia. New South Wales: Tenterfield; Penrith; Richmond R., Wollongbar Farm; & Inverell. Syntype ♂♀ NSWA?

Chaetodacus tryoni var. *juglandis* Tryon 1927: 188. — Australia. Queensland: Stanthorpe. Holotype ♀ QMBA.

Chaetodacus tryoni var. *sarcocephali* Tryon 1927: 188. — Australia. Queensland: Brisbane. Lectotype ♀ QMBA. Lectotype designated by Drew 1989: 116.

Strumeta melas Perkins & May 1949: 12. — Australia. Queensland: Gayndah. LT ♀ QMBA. Lectotype designated by Drew 1989: 114.

검역해충 등급제안: 금지해충 제1급 3위 - **기존등급**: 금지해충

등급분류 근거: 많은 국내 작물을 포함하는 다양한 식물종을 가해하는 다식성 해충이다. 원서식지인 호주에서 다양한 지역으로 도입된 기록이 있는 위험한 검역해충이다

진단형질: 이 종은 *B. aquilonis*와 매우 비슷하며, Vargas et al. (2015)은 이들이 같은 종일 가능성을 지적하였다. 현재 *B. aquilonis*는 전체적으로 훨씬 밝은 오렌지색을 띠며, 복부에 거의 무늬가 보이지 않는 점으로 구분된다. 또한 근연종인 *B. neohumeralis*는 어깨돌기가 방패판과 비슷하게 어두운 색인 점으로 쉽게 구분할 수 있다. *Bactrocera melas*의 경우 *B. tryoni*의 동물이명으로 확정되어 있다 (CABI, Invasive Species Compendium).

성충형질: 중형의 *Bactrocera*이다. 얼굴은 황갈색에 1쌍의 타원형 흑색 점이 측면 하단부 가까이 있으며, 2쌍의 이마센털과 1쌍의 안와센털을 갖고 있다. 방패판의 배경 색깔은 적갈색이며, 횡단봉합선 뒤쪽 양 옆에는 1쌍의 넓은 황색 세로띠가 작은방패판 측면 전방의 인트라알라센털 바로 앞에서 끝나며 중앙에는 황색 띠가 없다. 작은방패판과 어깨돌기는 황색이다. 날개 앞쪽의 등옆판 후반부 및 그 아래로 측판 중앙을 지나 중흉앞하옆판 상부까지 황색의 띠를 형성하며, 후흉상·하옆등판도 황색이다. 작은방패판에는 1쌍의 말단센털이 있다. 다리는 대부분 황갈색이며, 뒷다리 종아리마디가 짙은 갈색이다. 날개는 투명하며 좁은 갈색 띠가 전단부를 따라 이어져서 R_{4+5}맥 말단부를 지나 M맥 말단부에 이르기 2/5쯤 전에 끝나며 띠의 말단부는 확장되지 않는다. 추가로 bcu맥실과 A맥을 따라 넓은 갈색의 띠가 있다. 복부등판들은 적황색이며, 제3~5등판은 각각 중앙부에는 좁은 흑색의 세로띠와, 측면에는 넓은 세로띠가 있으며 이들은 각 등판의 앞부분에서 연결되어 있다. 암컷의 산란통은 복부와 동일하게 적황색이며 제5등판과 길이가 비슷하다.

유충형질: White & Elson-Harris (1992) 231쪽 참조.

숙주범위: 호주에서 매우 다양한 작물을 가해하는 다식성 해충 - Anacardiaceae, Annonaceae, Apocynaceae, Arecaceae, Cactaceae, Capparaceae, Caricaceae, Celastraceae, Clusiaceae, Combretaceae, Curcurbitaceae, Cunoniaceae, Davidsoniaceae, Ebenaceae, Elaeocarpaceae, Ericaceae, Euphorbiaceae, Fabaceae, Flacourtiaceae, Goodeniaceae, Hippocraterceae, Juglandaceae, Lauraceae, Lecythidaceae, Loganiaceae, Malpighiaceae, Melastomataceae, Meliaceae, Moraceae, Musaceae, Myrtaceae, Oleaceae, Oxalidaceae, Passifloraceae, Punicaceae, Rhamnaceae, Rosaceae, Rubiaceae, Rutaceae, Santalaceae, Sapindaceae, Sapotaceae, Smilacaceae,

Solanaceae, Thymeliaceae, Tiliaceae, Verbenaceae, Vitaceae.
가해 가능한 국내작물: 고추, 사과, 오디, 복숭아류, 토마토 등. 다식성 해충이므로 다른 작물들도 가해할 수 있다.
분포: 호주 동부에서 매우 흔한 해충이다. 많은 지역에 침입한 기록이 있으며, 뉴칼레도니아에는 정착되었다.
유인제: Cue-lure, raspberry ketone, zingerone.
DNA 바코드: 2019년 10월 현재 BOLD 데이터베이스에 100개 이상의 바코드가 입력되어 있으며, 근연종인 *B. aquilonis, B. curvipennis B. erubescentis, B. neohumeralis* 등과 바코드로 구분되지 않는다. 이들의 종 문제 해결이 선결되어야 할 상황이다.

그림 27. 퀸즐랜드과실파리(*Bactrocera tryoni*), 수컷(1~2줄) 및 암컷(아랫줄). Photos by H.-Y. Han.

28. *Bactrocera* (*Bactrocera*) *tuberculata* (Bezzi, 1916)

국명: 중국망고과실파리(신칭)

영명: 없음

아과/족: Dacinae: Dacini

Chaetodacus tuberculatus Bezzi 1916: 106. — Burma. Shan: Taung-gyi, 4000 ft. or Myitkyima. HT ♂ BMNH.

검역해충 등급제안: 금지해충 제3급 58위 - **기존등급**: 금지해충

등급분류 근거: 중국남부와 버마에 분포하며 8개 식물과를 가해한 기록이 있는 협식성 해충이다. 주로 망고와 파파야의 중요성이 비교적 적은 해충으로 알려져 있다.

진단형질: 이 종은 *B. correcta* 및 *B. zonata*와 비슷하나, 날개 전단의 띠가 매우 불완전하여 전연문(pterostigma) 말단에서 끝나며 R_{4+5}맥 양쪽에서 좁고 짧고 희미하게 나타나는 것으로 쉽게 구분된다.

성충형질: 중형의 *Bactrocera*이다. 얼굴은 황갈색에 1쌍의 타원형 흑색 점이 측면 하단부 가까이 있으며, 2쌍의 이마센털과 1쌍의 안와센털을 갖고 있다. 방패판의 배경 색깔은 적갈색이며, 횡단봉합선 뒤쪽 양 옆에는 1쌍의 넓 방패판은 대체적으로 흑갈색이며, 횡단봉합선 뒤쪽 양 옆에는 1쌍의 뚜렷한 황색 세로띠가 작은방패판 측면 전방의 인트라알라센털에서 끝나며, 중앙에는 황색 띠가 없다. 작은방패판과 어깨돌기는 황색이다. 날개 앞쪽의 등옆판 후반부 및 그 아래로 측판 중앙을 지나 중흉앞하옆판 상부까지 황색의 띠를 형성하며, 후흉상·하옆등판도 황색이다. 작은방패판에는 1쌍의 말단센털이 있다. 다리는 전체적으로 황갈색이다. 날개는 투명하며, 좁은 날개 전단의 띠가 매우 불완전하여 전연문(pterostigma) 말단에서 끝나며 R_{4+5}맥 양쪽에서 좁고 짧고 희미하게 다시 나타난다. bcu맥실은 연한 황갈색이며, A_1+Cu_1맥을 따라 띠가 없다. 복부등판들은 흑갈색이 우세하며 제1등판은 뒤쪽으로 좁게, 제2등판은 뒤쪽 1/2부분으로 넓게 황색 가로띠가 있다. 암컷의 산란통은 황갈색이다.

유충형질: 자료 없음.

숙주범위: 망고, 파파야를 포함하는 다음 8개 식물과. Lecythidaceae; Myrtaceae; Polygalaceae; Rosaceae; Sapotaceae.

가해 가능한 국내작물: 국내 노지작물을 가해한 기록이 없으나, 8개과 식물을 가해한 기록이 있으므로 주의할 필요가 있다.

분포: 중국(유난성), 버마, 태국, 베트남.

유인제: Methyl eugenol.

DNA 바코드: 2019년 10월 현재 BOLD 데이터베이스에서 15개의 바코드를 찾을 수 있다. 이들은 바코드 계통분석 시 단일 클러스터를 이루며, 0.5% 이내의 바코드 거리가 일치되는 개체들로서 명확한 동정이 가능하다.

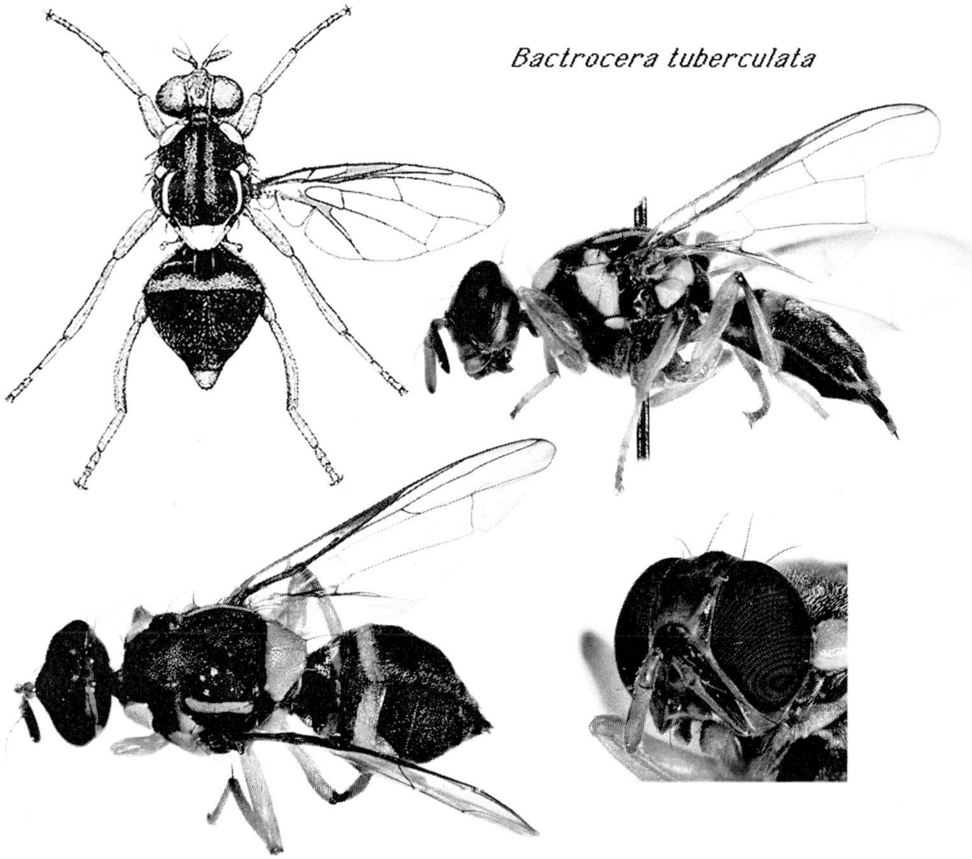

그림 28. 중국망고과실파리(*Bactrocera tuberculata*) 암컷. Drawing courtesy of Carroll et al., Pest fruit flies of the world, www.delta-intkey.com/ffa/index.htm (as of 2019/11). Photos by H.-Y. Han.

29. *Bactrocera* (*Bactrocera*) *zonata* (Saunders, 1842)

국명: 복숭아과실파리
영명: Peach fruit fly
아과/족: Dacinae: Dacini

Dasyneura zonatus Saunders 1842: 61. — Central India. T A UMO?. Type depository mis-stated by Hardy 1973: 54, no Syntype in BMNH.

Bactrocera maculigera Doleschall 1858: 122. — Indonesia. Maluku: Amboina [Ambon I.]. T A ZMHU. Also possible Syntype in NMW (Froggatt 1909: 94).

Rivellia persicae Bigot 1890: 192. — India. [Bihar: Chota Nagpur, Ranchi]. Syntype ♂♀ ZSI?. Type data (Cotes 1890: 195, Bezzi 1916: 106); also possibly Syntype in UMO.

Dacus ferrugineus var. *mangiferae* Cotes 1893: 17. — India. Bihar: Tirhoot. Lectotype ♀ ZS?. Lectotype designated by Drew & Hancock 1994: 20, female in Cotes' figure; type data (Bezzi 1913: 75).

검역해충 등급제안: 금지해충 제1급 5위 - **기존등급**: 금지급

등급분류 근거: 인도에서 베트남까지 광범위하게 분포하며, 다양한 작물을 가해하는 다식성 해충이다. 지역에 따라서는 오리엔탈과실파리보다 해충성이 큰 곳도 있다. 국내 작물로는 귤류와 복숭아 등이 위험하며, 사과, 토마토, 가지, 감자도 가해한 외국의 사례가 있다.

진단형질: 복숭아과실파리는 언뜻 보기에 퀸즐랜드과실파리(*B. tryoni*)와 비슷하나 날개의 전단의 띠가 날개 말단부 직전에 끊어져 있는 것으로 쉽게 구분할 수 있다. 이런 날개 무늬는 구아바과실파리(*B. correcta*)도 가지고 있으나, 이 종은 방패판이 흑색이며 복부에 뚜렷한 T-무늬가 있는 것으로 쉽게 구분할 수 있다.

성충형질: 중형의 *Bactrocera*이다. 얼굴은 황갈색에 1쌍의 타원형 흑색 점이 측면 하단부 가까이 있으며, 2쌍의 이마센털과 1쌍의 안와센털을 갖고 있다. 방패판은 전체적으로 흑갈색이며, 횡단봉합선 뒤쪽 양 옆에는 1쌍의 넓은 황색 세로띠가 작은방패판 측면 전방의 인트라알라센털에서 끝나며 중앙에는 황색 띠가 없다. 작은방패판과 어깨돌기는 황색이다. 날개 앞쪽의 등옆판 후반부 및 그 아래로 측판 중앙을 지나 중흉앞하옆판 상부까지 황색의 띠를 형성하며, 후흉상·하옆등판도 황색이다. 작은방패판에는 1쌍의 말단센털이 있다. 다리는 대부분 황갈색이며, 넓적다리마디의 말단부와 뒷다리 종아리마디의 기부 및 말단부 1/3 정도가 짙은 갈색이다. 날개는 투명하며 좁은 갈색 띠가 전단부를 따라 R_{2+3}맥말단부에서 끝나며, R_{4+5}맥 말단부에 작은 흑갈색 점이 있다. 즉 날개 전단의 띠가 말단부 직전에 끊어져 있다고도 기술할 수 있다. 추가로 bcu맥실과 과 A맥을 따라 짙은 띠가 형성되지는 않으나, bcu맥실은 옅은 황색이다. 복부등판들은 적갈색이며, 제3~5등판에 가늘고 뚜렷하지 않은 T-자의 흑갈색 무늬가 있는데, 대부분 중앙부에서 끊어져 있다. 암컷의 산란통은 적갈색 바탕에 말단 1/3 정도가 흑갈색이다. 산란통 길이는 제5등판과 비슷하다.

유충형질: Pest fruit flies of the world, www.delta-intkey.com/ffa/index.htm 참조.

숙주범위: 주요작물인 복숭아, 망고, 구아바의 심각한 해충이며, 다음과 같은 다양한 과를 가해하는 다식성 과실파리이다 - Anacardiaceae, Annonaceae, Arecaceae, Caricaceae, Combretaceae, Curcurbitaceae, Fabaceae, Lecythidaceae, Malpighiaceae, Malvaceae, Myrtaceae, Punicaceae, Rosaceae, Rutaceae, Tiliaceae [상세한 숙주목록은 Allwood et al. (1999), Tsuruta et al. (1997) 참조].

가해 가능한 국내작물: 복숭아와 살구, 귤류, 사과, 석류, 토마토, 가지, 감자 등. 다식성 해충이므로 다른 작물들도 가해할 수 있다.

분포: 주로 인도와 파키스탄에 분포하며 북아프리카와 아라비아반도에도 정착되었다.

유인제: Methyl eugenol.

DNA 바코드: 2019년 10월 현재 BOLD 데이터베이스에 300개 이상의 바코드가 입력되어 있다. 분석결과 대부분의 개체들이 2개의 클러스터로 확연하게 나뉘며 이들 간의 바코드 거리는 약 5% 정도이다. 따라서 2개의 잠재적 근연종이 존재하는 것으로 사료된다. 추가적인 연구가 필요한 상황이나, 일단은 이 두 개체군이 같이 묶이므로 일반적인 동정에는 문제가 없다.

그림 29. 복숭아과실파리(*Bactrocera zonata*) 수컷 (윗줄 좌측, 2줄 + 머리) 및 암컷(첫줄 우측, 아랫줄). Upper two photos downloaded & modified from IAEA Imagebank (male - IAEA06410602, female - IAEA06410603). Lower photos by H.-Y. Han.

30. *Bactrocera* (*Daculus*) *oleae* (Rossi, 1790)

국명: 올리브과실파리

영명: Olive fruit fly

아과/족: Dacinae: Dacini

Musca oleae Rossi 1790: 317. — Italy. Tuscany: Provinces of Firenze & Pisa. T A ZMHU? Type data (Thompson & Pont 1993: 103). N. Comb.

Dacus oleae var. *funesta* Guercio 1900: 35. — Not stated [Italy]. T A Unknown.

Dacus oleae var. *flaviventris* Guercio 1900: 35. — Italy. "nella stessa provincia"; & Calabria. ST A Unknown.

Dacus oleae var. *asiatica* Silvestri 1916: 425. — India. Cherat. ST ♂♀ IZUSN?

Musca oleae Gmelin 1790: 284. — Gallia meridionali [s. France]; & Italy. T A Unknown. Preocc. Rossi 1790; type data (Thompson & Pont 1993: 35, 103).

Musca oleae Petagna 1792: 685. — Italy. Calabria. T A Unknown. Preocc. Rossi 1790.

검역해충 등급제안: 금지해충 제3급 51위 - **기존등급:** 관리해충

등급분류 근거: 올리브류의 주요 해충이며, 제주도에서도 올리브의 재배가 시작되었으므로 금지해충으로 격상할 필요가 있다.

진단형질: 이 종은 *Bactrocera*로서는 드물게, 방패판의 측면과 중앙에 노란색 세로띠가 없으며, 어깨돌기와 작은방패판, 다리가 노란색이며, 제2~4복부등판에 각각 1쌍씩의 큰 흑색의 반문이 있는 것으로 쉽게 구분될 수 있다. 또한 R_{4+5}맥의 말단부에 있는 작은 흑갈색 점과 전연문(pterostigma)이 말단부만 갈색인 것을 제외하면 거의 투명하다.

성충형질: 중형의 *Bactrocera*이다. 얼굴은 황갈색에 1쌍의 큰 원형 흑색 점이 측면 하단부 가까이 있으며, 2쌍의 이마센털과, 1쌍의 안와센털을 가진다. 방패판은 전체적으로 흑갈색이며 가장자리와 후면은 황갈색이며, 세로띠가 없다. 어깨돌기와 작은방패판은 황색이다. 날개 앞쪽의 등옆판 후반 및 그 아래로 측판 중앙을 지나 중흉앞하옆판 상부까지 황색의 넓은 띠를 형성하며, 상옆등판은 흑갈색이며, 하옆등판은 황색이다. 작은방패판에는 1쌍의 말단센털이 있다. 다리는 전체적으로 황색이다. 날개는 투명하며 R_{4+5}맥의 말단부에 있는 작은 흑갈색 점과 전연문(pterostigma)이 말단부만 갈색인 것을 제외하면 거의 투명하다. 복부등판들은 황오렌지색이며 제2~4복부등판에 각각 1쌍씩의 큰 흑색의 반문이 있다.

유충형질: Pest fruit flies of the world, www.delta-intkey.com/ffa/index.htm 참조.

숙주범위: 올리브류.

가해 가능한 국내작물: 올리브류.

분포: 사하라 이남의 아프리카 원산이나, 북아프리카, 유럽, 중동, 인도/파키스탄 등지까지 도입됨.

유인제: 알려져 있지 않음.

DNA 바코드: 2019년 10월 현재 BOLD 데이터베이스에 199개의 바코드가 입력되어 있다. 바코드 분석 시 명확히 구분되는 클러스터를 이루며, 바코드 거리가 1% 이내로 일치하는 개체들의 동정이 가능한 것으로 사료된다.

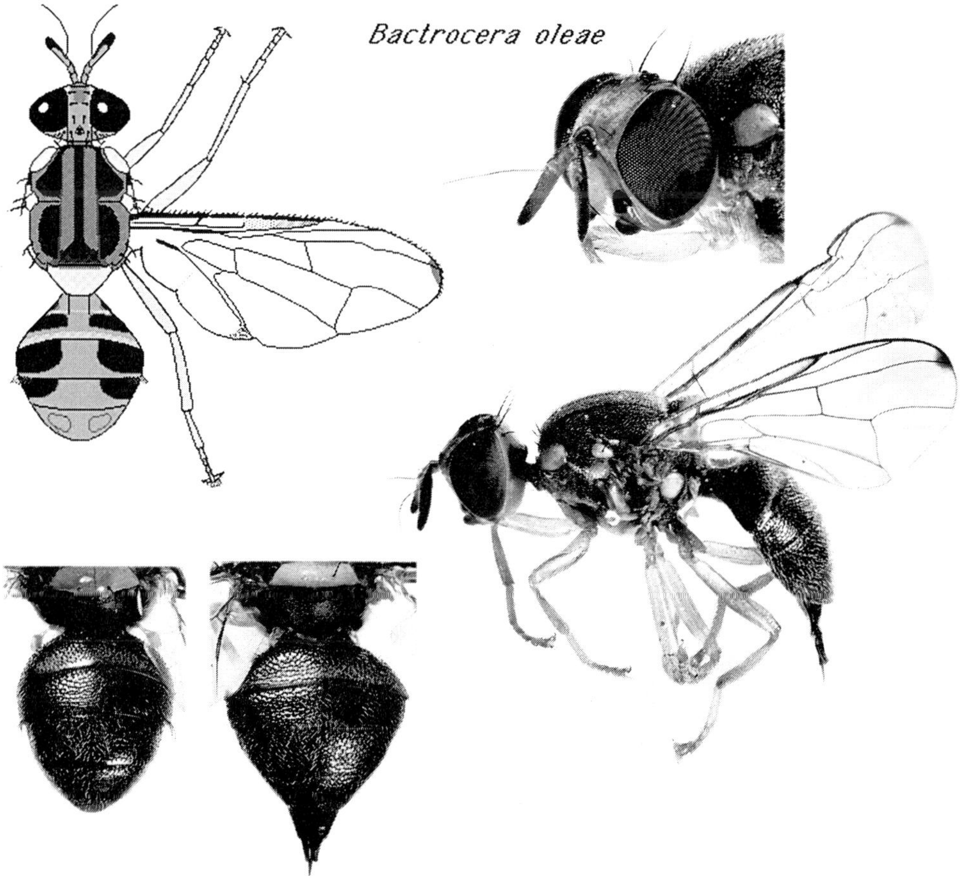

그림 30. 올리브과실파리(*Bactrocera oleae*). Drawing (male) courtesy of Carroll et al., Pest fruit flies of the world, www.delta-intkey.com/ffa/index.htm (as of 2019/11). Photos by H.-Y. Han (male & female abdomen, female in lateral view).

31. *Bactrocera* (*Notodacus*) *xanthodes* (Broun, 1904)

국명: 섬과실파리(신칭)

영명: 없음

아과/족: Dacinae: Dacini

Tephrites xanthodes Broun 1904: 306. — Tonga; Cook Is. Rarotonga; & Fiji. Viti Levu: Suva. ST ♂♀ AMNZ?

Tephrites xanthodes Broun 1905: 3. — Tonga; Cook Is. Rarotonga; & Fiji. Viti Levu: Suva. ST ♂♀ AMNZ? Preocc. Broun 1904.

Dacus xanthodes Broun 1905: 327. — Tonga; Cook Is. Rarotonga; & Fiji. Viti Levu: Suva. ST ♂♀ AMNZ? Preocc. Broun 1904.

검역해충 등급제안: 금지해충 제2급 31위 - **기존등급:** 없음

등급분류 근거: 남태평양의 피지나 사모아 등의 섬에 분포한다. 빵나무의 주요해충으로 알려져 있으나, 20개 식물과를 가해한 기록이 있다. 다식성 해충이므로 검역적으로 주의할 필요가 있다.

진단형질: 이 종은 *Bactrocera*로서는 독특하게 어깨돌기에 1개의 센털이 있다. 또한 몸체가 전체적으로 황갈색이며 어깨돌기에서부터 방패판 및 작은방패판까지 황색의 뚜렷한 세로띠가 1쌍 있는 것으로도 쉽게 구분된다.

성충형질: 중형의 *Bactrocera*이다. 머리는 황갈색이며, 얼굴은 1쌍의 작은 원형의 흑색 점이 측면 하단부 가까이 있으며, 3쌍의 이마센털과 1쌍의 안와센털을 갖고 있다. 가슴은 황갈색 이며, 어깨돌기에서부터 방패판 및 작은방패판까지 황색의 뚜렷한 세로띠가 1쌍 있다. 측면에는 중흉앞상옆판과 후흉하옆등판만 황색이며 나머지는 황갈색이다. 작은방패판에는 1쌍의 말단센털이 있다. 다리도 대부분 황갈색이다. 날개는 투명하며 좁은 연갈색 띠가 전연문(pterostigma)에서부터 R_{4+5}맥 말단부를 지나 M맥에 이르기 1/2전에 끝난다. bcu맥실은 옅은 황색이다. 복부는 전체적으로 황색이다. 암컷의 산란통은 제4~5등판 길이와 비슷하다.

유충형질: White & Elson-Harris (1992) 249쪽 참조.

숙주범위: 빵나무와 파우파우를 비롯하여, 다음 과를 포함하는 20개 과를 가해한 기록이 있다 - Anacardiaceae, Annonaceae, Apocynaceae, Caricaceae, Combretaceae, Euphorbiaceae, Lauraceae, Lecythidaceae, Moraceae, Passifloraceae, Rutaceae, Sapotaceae.

가해 가능한 국내작물: 국내 노지재배작물의 해충으로 알려져 있지는 않으나, 다식성 해충이므로 주의할 필요가 있다.

분포: 피지, 사모아, 통가, 쿡제도.

유인제: Methyl eugenol.

DNA 바코드: 2019년 10월 현재 BOLD 데이터베이스에 14개의 바코드가 입력되어 있다. 바코드 분석 시 2개의 명확한 근연 클러스터를 이루는 것으로 보아 외형이 비슷한 2종이 존재하는 등의 분류학적 문제가 있는 것으로 사료된다. 1개의 클러스터는 *B. passiflorae*와 섞여 있으므로, 오히려 형태적으로 확연히 다른 *B. passiflorae*와 근연종으로 사료된다. 현재 이 종은 특이한 형태형질에 기인하여 *Notodacus* 아속으로 분류되고 있으나, 이 형질(어깨돌기에 1개의 센털)을 갖고 있지 않은 *B. passiflorae*와 근연종이라면 이 아속 분류는 재편되어야 할 것이다.

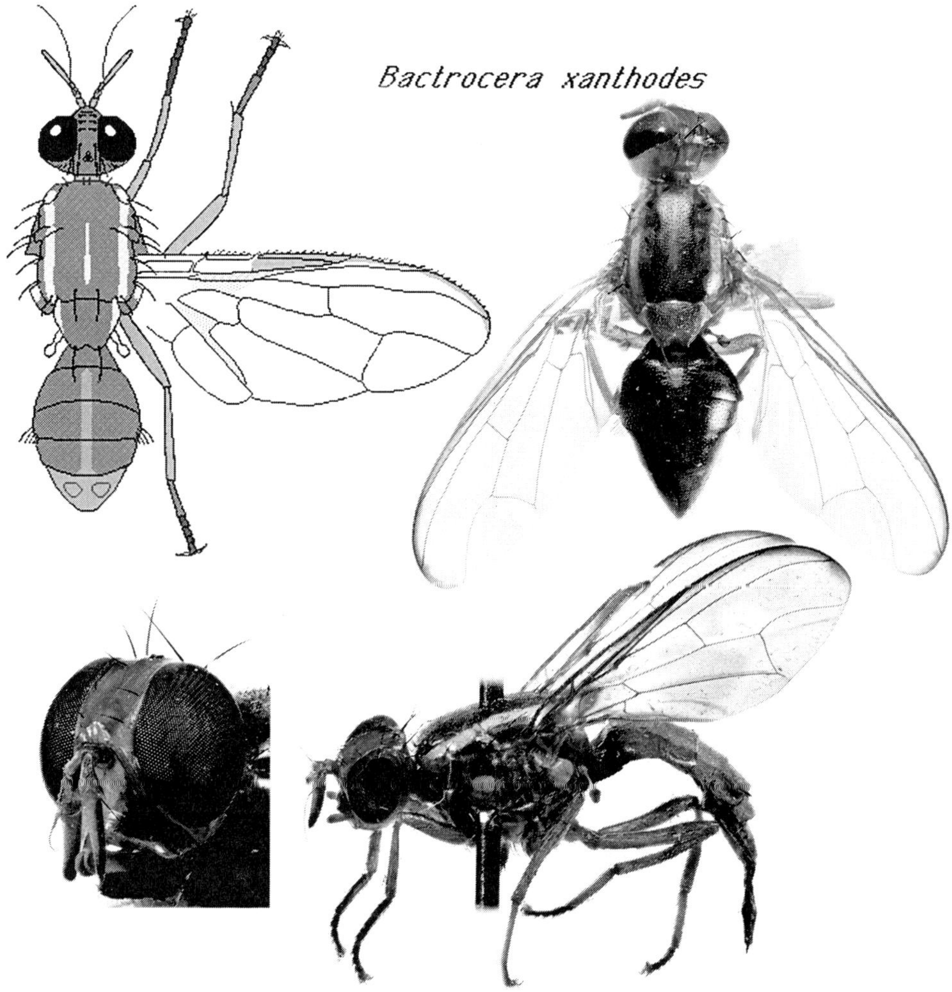

그림 31. 섬과실파리(*Bactrocera xanthodes*). Drawing (male) courtesy of Carroll et al., Pest fruit flies of the world, www.delta-intkey.com/ffa/index.htm (as of 2019/11). Photos (female) by H.-Y. Han.

32. *Bactrocera* (*Tetradacus*) *minax* (Enderlein, 1920)

국명: 중국귤과실파리

영명: Chinese citrus fly

아과/족: Dacinae: Dacini

Polistomimetes minax Enderlein 1920: 358. — India. Sikkim. Lectotype ♂ BMNH. Lectotype designated by White & Wang 1992: 277.

Mellesis citri Chen 1940: 133. — China. Sichuan: Chengtu [Chengdu]; & Kiangtsin. Syntype ♂♀ IZAS. Inference of Holotype by White & Wang 1992: 277 invalid.

검역해충 등급제안: 금지해충 제1급 11위 - **기존등급**: 금지해충.

등급분류 근거: 인도 동부에서 중국 남서부까지 분포하는 협식성 해충으로, 주로 귤류를 가해한다. 그 분포범위로 볼 때, 도입 시 제주도에서 월동 가능성이 있는 검역해충이다.

진단형질: 중국 남서부의 분포지역이 중첩되는 일본귤과실파리(*B. tsuneonis*)와 매우 유사하나 날개 말단의 황갈색 반문이 크고 앞쪽에서 끊어지지 않는 것으로 구분할 수 있다.

성충형질: 대형종이며 복부가 길쭉한 자루모양이다. 얼굴은 황갈색에 1쌍의 타원형 흑색 점이 더듬이홈(antennal furrow)을 거의 채우며, 2쌍의 이마센털과 1쌍의 안와센털을 갖고 있다. 가슴은 적갈색이며 어깨돌기와 작은방패판은 황색이며 방패판 양 옆에 있는 1쌍의 넓은 황색 세로띠는 어깨돌기와 연결되어 시작하여 작은방패판과 충분한 거리를 띄고 끝난다. 방패판의 중앙, 횡단봉합선 뒤쪽에는 짧은 황색 세로띠가 있다. 작은방패판에는 1쌍의 말단센털이 있다. 다리는 전체적으로 황갈색을 띤다. 날개는 중맥(M) 앞쪽으로 황색을 띠며, 전연문(pterostigma)은 황갈색이며, R_{2+3}맥 말단 뒤쪽으로 R_{4+5}맥 말단부를 지나 M맥까지 도달하기 1/2부분까지 커다란 황갈색 반점이 있다. bcu맥실은 황색이다. 복부는 황갈색이며, 제3~5등판은 각각 전단부와 중앙부에 흑색의 T-무늬를 찾아볼 수 있다.

유충형질: Pest fruit flies of the world, www.delta-intkey.com/ffa/index.htm 참조.

숙주범위: 운향과(Rutaceae)의 귤류(*Citrus* spp.), 금귤류(*Fortunella* spp.)를 가해

가해 가능한 국내작물: 귤류 및 금귤류.

분포: 인도 북부에서 부탄과 네팔, 중국 남서부까지.

유인제: Methyl eugenol에 약하게 유인됨.

DNA 바코드: 2019년 10월 현재 BOLD 데이터베이스에 62개의 바코드가 입력되어 있다. 이들은 바코드 계통분석 시 단일 클러스터를 이루며, 바코드 거리가 0.5% 이내로 일치하는 개체들의 동정이 확실하며, 근연종인 *B. tsuneonis*와도 명확히 구분된다.

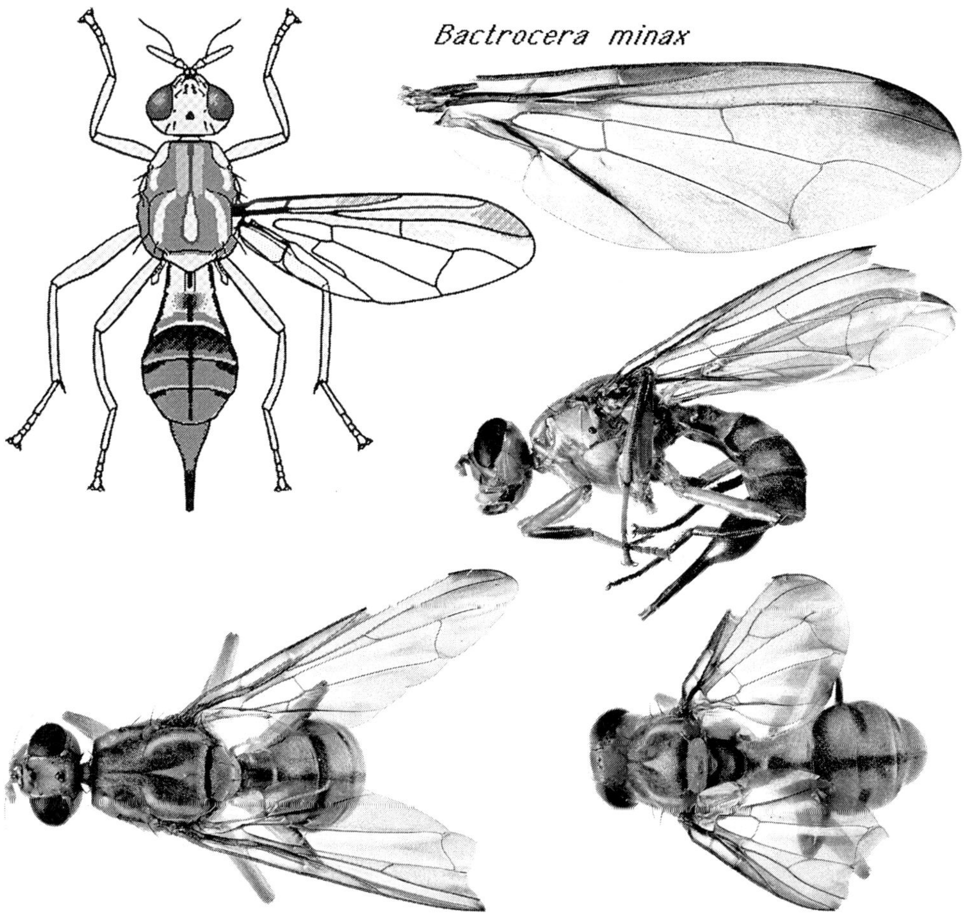

그림 32. 중국귤과실파리(*Bactrocera minax*), 암컷(1~2줄) 및 수컷(아랫줄).
Drawing courtesy of Carroll et al., Pest fruit flies of the world, www.delta-intkey.com/ffa/index.htm (as of 2019/11). Photos by H.-Y. Han.

33. *Bactrocera* (*Tetradacus*) *tsuneonis* (Miyake, 1919)

국명: 일본귤과실파리(개칭)
영명: Japanese orange fly
아과/족: Dacinae: Dacini

Dacus tsuneonis Miyake 1919: 92. — Japan. Kyushu: Oita Pref., Tsugumi. Syntype ♂♀ Unknown. Syntype presumed lost (Shiraki 1933: 116).
Dacus cheni Chao 1987: 4. — China. Guangxi: Pingxiang. Holotype ♂ PQMAB.
Dacus ferrugineus: Kuwana 1910: 23. — Misidentification (See Miyake 1919: 88).

검역해충 등급제안: 금지해충 제1급 10위 - **기존등급**: 금지해충

등급분류 근거: 일본 남부(큐슈까지)와 중국 남서부에 분포하는 협식성 해충으로, 주로 귤류를 가해한다. 그 분포범위로 볼 때, 도입 시 제주도에서 월동 가능성이 있는 검역해충이다.

진단형질: 중국 남서부의 분포지역 중첩되는 중국귤과실파리(*B. minax*)와 매우 유사하나 날개 말단의 황갈색 반문이 약간 작고 앞쪽에서 약간 끊어진 것으로 구분할 수 있다.

성충형질: 대형종이며 복부가 길쭉한 자루모양이다. 얼굴은 황갈색에 1쌍의 타원형 흑색 점이 있으며, 2쌍의 이마센털과 1쌍의 안와센털을 갖고 있다. 가슴은 적갈색이며 어깨돌기와 작은방패판은 황색이며 방패판 양 옆에 있는 1쌍의 넓은 황색 세로띠는 어깨돌기와 연결되어 식작하여 작은방패판과 충분한 거리를 띠고 끝난다. 방패판의 중앙, 횡단봉합선 뒤쪽에는 짧은 황색 세로띠가 있다. 작은방패판에는 1쌍의 말단센털이 있다. 다리는 전체적으로 황갈색을 띤다. 날개는 중맥(M) 앞쪽으로 황색을 띠며, 전연문(pterostigma)은 황갈색이며, R_{2+3}맥 말단 뒤쪽으로 R_{4+5}맥 말단부를 지나 M맥까지 도달하기 1/2부분까지 커다란 황갈색 반점이 있다. bcu 맥실은 황색이다. 복부는 황갈색이며, 제3~5등판은 각각 전단부와 중앙부에 흑색의 T-무늬를 찾아볼 수 있다.

유충형질: Pest fruit flies of the world, www.delta-intkey.com/ffa/index.htm 참조.

숙주범위: 운향과(Rutaceae)의 귤류(Citrus spp.)와 금귤류(Fortunella spp.)를 가해.

가해 가능한 국내작물: 귤류 및 금귤류를 가해할 수 있다.

분포: 일본(큐슈, 류큐 제도), 중국남서부.

유인제: 알려지지 않음.

DNA 바코드: 2019년 10월 현재 BOLD 데이터베이스에 29개체가 입력되어 있다. 이들은 바코드 계통분석 시 단일 클러스터를 이루며, 바코드 거리가 0.5% 이내로 일치하는 개체들의 동정이 확실하며, 근연종인 *B. minax*와도 명확히 구분된다.

그림 33. 일본귤과실파리(*Bactrocera tsuneonis*), 윗줄 수컷, 아랫줄 암컷. Photos by H.-Y. Han.

34. *Zeugodacus* (*Austrodacus*) *cucumis* (French, 1907)

국명: 호주오이과실파리(신칭)

영명: Cucumber fruit fly

아과/족: Dacinae: Dacini

Dacus tryoni var. *cucumis* French 1907: 307. – Australia. Queensland: Bowen. Syntype MVMA? Type data (Drew 1989: 185).

검역해충 등급제안: 금지해충 제1급 22위 - **기존등급**: 금지해충

등급분류 근거: 호주 동부에 분포하며, 오이나 호박류의 주요 해충이다. 토마토 등 다른 식물들을 가해한 기록도 있다.

진단형질: 이 종은 몸이 전체적으로 황갈색이며 방패판에 중앙과 측면에 3개의 황백색 세로띠 가 있는 점과, 어깨돌기와 작은방패판이 황백색인 점, 그리고 복부 제5등판 중앙부에 작은 흑색 세로띠가 있는 것으로 대부분의 *Zeugodacus*와 쉽게 구분될 수 있다.

성충형질: 중형의 *Zeugodacus*이다. 얼굴은 황갈색에 1쌍의 타원형 흑색 점이 측면 하단부 가까이 있으며, 3쌍의 이마센털 중 앞쪽 2쌍은 가깝게 근접해있다. 안와센털은 1쌍이다. 몸 전체가 황갈색에서 적갈색을 띠며 어깨돌기와 작은방패판은 황백색이다. 방패판은 적갈색이며, 횡단봉합선 뒤쪽 양 옆에는 1쌍의 뚜렷한 황백색 세로띠가 작은방패판 측면 전방의 인트라알라센털에서 끝나며, 황백색 중앙세로띠는 앞부분이 뾰족하고 뒤쪽으로 넓어져서 작은방패판 전방에서 끝난다. 작은방패판에는 2쌍의 센털이 있다. 다리는 전체적으로 황갈색에서 적갈색이며 무늬가 없다. 날개는 투명하며 전연문(pterostigma)에서 시작되는 좁은 갈색 띠가 전단부를 따라 이어져서 R_{4+5}맥 말단부를 지나 M맥 말단부에 이르기 1/3쯤에 끝나며 띠의 말단부는 확장되지 않는다. 추가로 bcu맥실과 A맥을 따라 좁은 연갈색의 띠가 있다. 복부는 황갈색 내지 적갈색이며 뚜렷한 띠는 거의 찾아보기 힘드나, 제5등판 중앙부에 가는 흑색 세로띠가 있다. 암컷 산란통도 복부와 같은 색이며 아래쪽에서 측정하면 제4~5등판을 합한 길이와 비슷하다.

유충형질: White & Elson-Harris (1992) 172쪽 참조.

숙주범위: 주로 오이나 호박 등 박과식물의 해충으로 알려져 있으나, 다음과 같은 다양한 과를 가해한 기록이 있다 - Anacardiaceae, Caricaceae, Combretaceae, Curcurbitaceae, Ebenaceae, Euphorbiaceae, Lauraceae, Myrtaceae, Oxalidaceae, Passifloraceae, Rosaceae, Rubiaceae, Rutaceae, Solanaceae, Vitaceae.

가해 가능한 국내작물: 오이, 호박, 참외 등.

분포: 오스트레일리아 (NT, Qld., NSW).

유인제: 간혹 Cue-lure에 유인되나, 효과적인 유인제는 알려지지 않음.

DNA 바코드: 2019년 10월 현재 BOLD 데이터베이스에 11개의 바코드가 입력되어 있다. 이들은 바코드 계통분석 시 단일 클러스터를 이루며, 바코드 거리가 0.5% 이내로 일치하는 개체들의 명확한 동정이 가능한 것으로 사료된다.

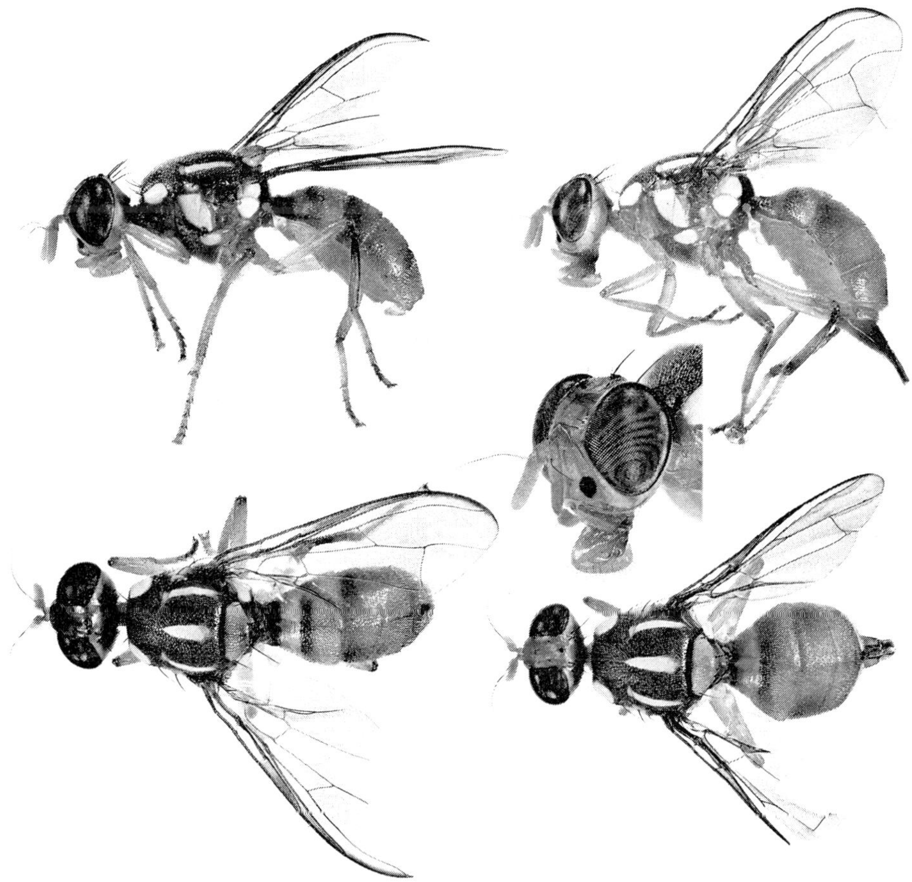

그림 34. 호주오이과실파리(*Zeugodacus cucumis*) 수컷(좌측)과 암컷(우측). Photos by H.-Y. Han.

35. *Zeugodacus* (*Zeugodacus*) *atrisetosus* Perkins, 1939

국명: 남방호박과실파리(신칭)

영명: 없음

아과/족: Dacinae: Dacini

Zeugodacus atrisetosus Perkins 1939: 29. – Papua New Guinea. Mafula, 4000 ft.; Mondo, 5000 ft.; Northern: Mt. Lamington. ST ♀ BMNH.

Dacus papuaensis Malloch 1939: 412. – Papua New Guinea. Morobe: Bulolo. HT ♂ AMS?

Melanodacus rubidus May 1958: 297. – Papua New Guinea. Eastern Highlands: Goroka [6°05'S 145°23'E]. HT ♂ QMBA.

Dacus cucumis: Malloch 1939: 412. – misid. see Drew 1989: 197.

검역해충 등급제안: 관리해충 - **기존등급**: 없음

등급분류 근거: 파푸아뉴기니에서 주로 박과식물을 가해하는 해충이며, 도입 시 제주도의 박과식물을 가해할 가능성이 없지 않다.

진단형질: 이 종은 언뜻 보기에 *Z. cucumis*와 비슷하나, 작은방패판 앞쪽 중앙부에 1쌍의 센털(prescutellar setae)와, 방패판 날개 앞부분에 센털(supra-alar seta)이 있는 점으로 쉽게 구분할 수 있다.

성충형질: 중형의 *Zeugodacus*이다. 얼굴은 황갈색에 1쌍의 타원형 흑색 점이 측면 하단부 가까이 있으며, 3쌍의 이마센털 중 앞쪽 2쌍은 가깝게 근접해있다. 안와센털은 1쌍이다. 몸 전체가 황갈색에서 적갈색을 띠며 어깨돌기와 작은방패판은 황백색이다. 방패판은 적갈색이며, 횡단봉합선 뒤쪽 양 옆에는 1쌍의 뚜렷한 황백색 세로띠가 작은방패판 측면 전방의 인트라알라센털에서 끝나며, 황백색 중앙세로띠는 앞부분이 뾰족하고 뒤쪽으로 넓어져서 작은방패판 전방에서 끝난다. 작은방패판 앞쪽 중앙부에 1쌍의 센털(prescutellar setae)와, 방패판 날개 앞부분에 센털(supra-alar seta)이 있다. 작은방패판에는 2쌍의 센털이 있다. 다리는 전체적으로 황갈색에서 적갈색이며 무늬가 없다. 날개는 투명하며 전연문(pterostigma)에서 시작되는 좁은 갈색 띠가 전단부를 따라 이어져서 R_{4+5}맥 말단부를 지나 M맥 말단부에 이르기 1/3쯤에 끝나며 띠의 말단부는 확장되지 않는다. 추가로 bcu맥실과 A맥을 따라 좁은 연갈색의 띠가 있다. 복부는 황갈색 내지 적갈색이며 뚜렷한 띠는 거의 찾아보기 힘드나, 제5등판 중앙부에 작은 흑색 세로띠가 있다. 암컷 산란통도 복부와 같은 색이다.

유충형질: 자료 없음.

숙주범위: 주로 박과식물(열매)을 가해.

가해 가능한 국내작물: 수박, 참외, 오이, 호박, 토마토 등.

분포: 파푸아뉴기니.

유인제: 알려지지 않음.

DNA 바코드: 2019년 10월 현재 BOLD 데이터베이스에 수록된 바코드가 없다.

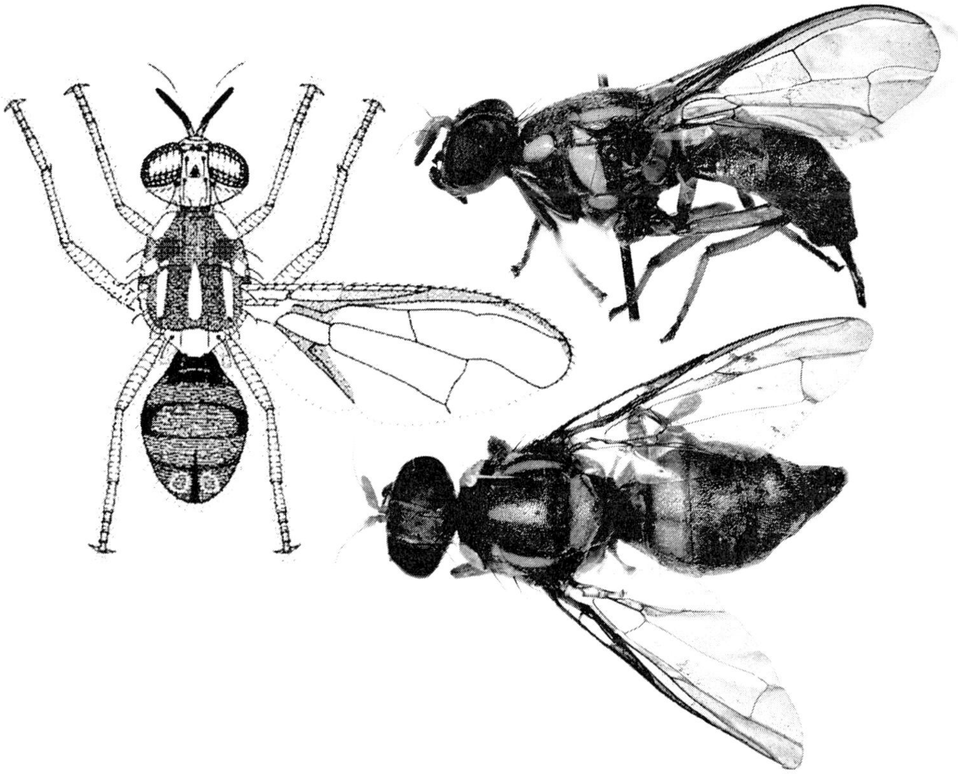

그림 35. 남방호박과실파리(*Zeugodacus aristosetosus*). Drawing (male) courtesy of Carroll et al., Pest fruit flies of the world, www.delta-intkey.com/ffa/index.htm (as of 2019/11). Photos (female) by H.-Y. Han.

36. *Zeugodacus* (*Zeugodacus*) *caudatus* (Fabricius, 1805)

국명: 열대호박꽃과실파리(신칭)

영명: 없음

아과/족: Dacinae: Dacini

Dacus caudatus Fabricius 1805: 276. — Indonesia. Java. LT ♀ UZMC. Lectotype designation by inference of holotype by Hardy 1973: 60; type data (Zimsen 1964: 485).

Bactrocera maculipennis Doleschall 1856: 412. — Indonesia. Javam [Java]. T A NMW? Type data (Bezzi 1913: 75).

검역해충 등급제안: 관리해충 - **기존등급**: 없음

등급분류 근거: 인도에서 대만까지 널리 분포하며, 박과식물을 가해한다. 도입 시 제주도의 박과식물을 가해할 가능성이 없지 않다.

진단형질: 이 종은 언뜻 보기에 *Z. tau*와 비슷하나, 얼굴 하단부에 흑색 점이 아닌 가로띠가 있으며 날개 전단부 갈색 띠의 말단부가 약간만 확장되어 있는 것으로 쉽게 구분할 수 있다.

성충형질: 중형의 *Zeugodacus*이다. 얼굴은 황갈색에 하단부에 흑색 가로띠가 있으며, 3쌍의 이마센털 중 앞쪽 2쌍은 가깝게 근접해있다. 안와센털은 1쌍이다. 방패판은 전체적으로 흑색이며, 횡단봉합선 뒤쪽 양 옆에는 1쌍의 뚜렷한 황색 세로띠가 작은방패판 측면 전방의 인트라알라센털을 바로 지나서 끝나며, 황색 중앙세로띠는 측면 띠보다 약간 짧다. 작은방패판과 어깨돌기는 황색이다. 날개 앞쪽의 등옆판 및 그 아래로 측판 중앙을 지나 중흉앞하옆판 상부까지 황색의 넓은 띠를 형성하며, 후흉상·하옆등판도 황색이다. 작은방패판에는 2쌍의 센털이 있다. 넓적다리마디들은 황갈색이며, 앞다리와 뒷다리 종아리마디는 갈색이다. 날개는 투명하며 좁은 갈색 띠가 전단부를 따라 R_{4+5}맥을 약간 지나서 끝나며, 끝 부분이 약간 확장되어 있다. 추가로 bcu맥실과 A맥을 따라 넓은 갈색 띠가 있다. 복부등판들은 황갈색 바탕에 흑갈색 무늬가 있으며 좁은 중앙 세로띠가 뚜렷하며, 제3등판의 가로무늬와 함께 T-자를 형성하며, 제4~5등판 측면에도 각각 넓은 흑색 가로무늬가 있다. 암컷의 산란통은 황갈색이며 바로 제4~5등판 길이와 비슷하다.

유충형질: 자료 없음.

숙주범위: 박과식물(꽃).

가해 가능한 국내작물: 박과식물(꽃).

분포: 인도에서 대만까지 널리 분포.

유인제: 알려지지 않음.

DNA 바코드: 2019년 10월 현재 BOLD 데이터베이스에서 *Bactrocera caduata* 또는 *Zeugodacus caudatus*로 기록된 60개 이상의 바코드를 찾을 수 있다. 이들은 계통분석 시 단일 클러스터를 이루며, 1% 이내의 바코드 거리가 일치되는 개체들로서 명확한 동정이 가능하다. 계통분석에 따르면 *Z. diversus*의 근연종으로 사료된다.

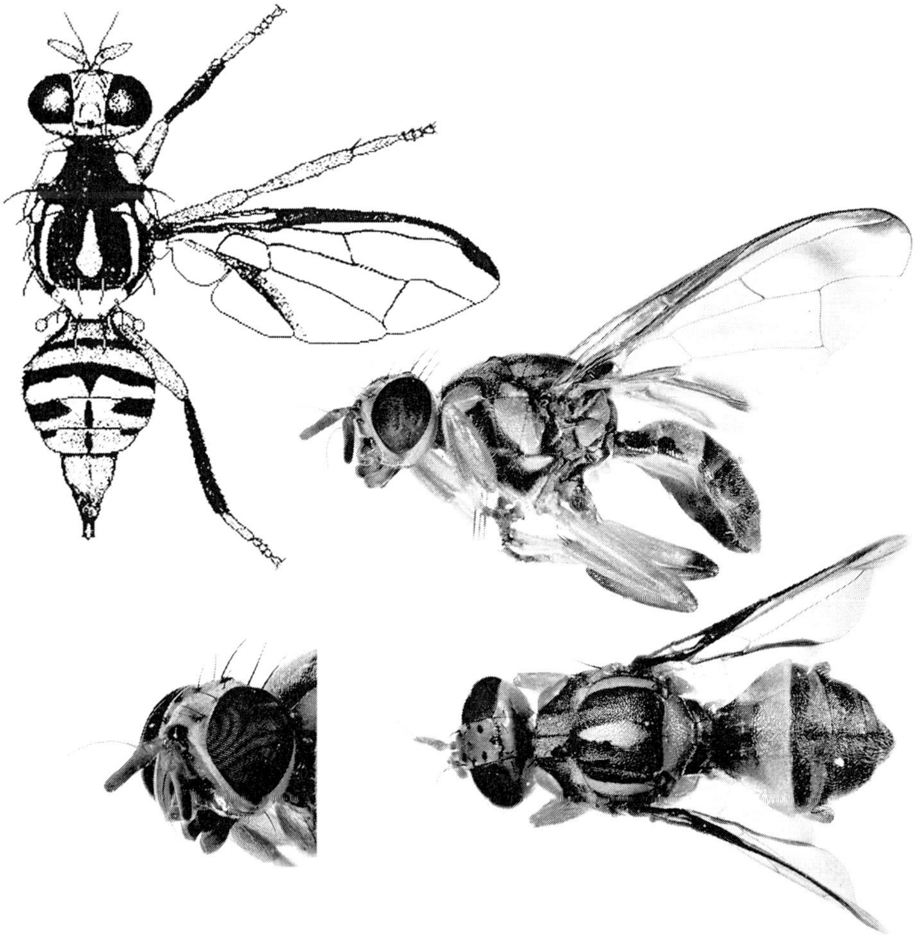

그림 36. 열대호박과실파리(*Zeugodacus caudatus*). Drawing (female) courtesy of Carroll et al., Pest fruit flies of the world, www.delta-intkey.com/ffa/index.htm (as of 2019/11). Photos (male) by H.-Y. Han.

37. *Zeugodacus* (*Zeugodacus*) *cucurbitae* (Coquillett, 1899)

국명: 오이과실파리

영명: Melon fly

아과/족: Dacinae: Dacini

Dacus cucurbitae Coquillett 1899: 129. – USA. Hawaii: Oahu, Honolulu. Lectotype ♀ USNM. Lectotype designated by Drew 1989: 213.

Dacus yuiliensis Tseng & Chu 1992: 84. – new name for aureus Tseng & Chu 1982.

Dacus aureus Tseng & Chu 1982: 85. – Taiwan. Hualien: Yuili. Holotype ♂ BCIQT? Preocc. May 1952.

검역해충 등급제안: 금지해충 제1급 7위 - **기존등급**: 금지해충

등급분류 근거: 인도에서 동남아시아까지 넓게 분포하며, 다양한 지역으로 도입되었다. 박과식물을 가해하는 과실파리 중에서 가장 위험한 해충이며, 박과식물 외에도 11개 식물의 과를 가해한 기록도 있다.

진단형질: 이 종은 가슴 및 배의 무늬와 날개무늬로 쉽게 구분이 가능하다.

성충형질: 중형의 *Zeugodacus*이다. 얼굴은 황갈색에 1쌍의 타원형 흑색 점이 측면 하단부 가까이 있으며, 3쌍의 이마센털 중 앞쪽 2쌍은 가깝게 근접해있다. 방패판은 갈색 내지 황갈색이며, 횡단봉합선 뒤쪽 양 옆에는 1쌍의 뚜렷한 황색 세로띠가 작은방패판 측면 전방의 인트라알라센털에서 끝나며, 황색 중앙세로띠는 측면띠보다 훨씬 짧다. 작은방패판과 어깨돌기, 날개 앞쪽에서 측판 하단 부근까지 황색이다. 작은방패판에는 1쌍의 말단센털이 있다. 다리마디들은 모두 옅은 황색이며, 종아리 부분이 약간 짙다. 날개는 투명하며 좁은 갈색 띠가 전단부를 따라 R_{4+5}맥을 약간 지나서 끝나며, 끝 부분이 크게 확장되어 있다. 추가로 bcu맥실과 A맥을 따라서, 그리고 DM-Cu맥을 따라서 각각 넓은 갈색 띠가 있다. 복부등판들은 황갈색-갈색 바탕에 흑갈색 무늬가 있으며 중앙 세로무늬가 뚜렷하며, 제3등판의 가로무늬와 함께 T-자를 형성한다. 암컷의 산란통은 황갈색이며 제5등판 보다 길다.

유충형질: White & Elson-Harris (1992) 268쪽 참조.

숙주범위: 박과식물 외에도 다음의 과들을 가해한 기록이 있다 - Agavaceae, Capparaceae, Fabaceae, Malvaceae, Moraceae, Myrtaceae, Rhamnaceae, Rutaceae, Sapotaceae, Solanaceae, Vitaceae [상세한 숙주목록은 Allwood et al. (1999), Leblanc et al. (2012) 참조].

가해 가능한 국내작물: 주로 박과식물. 박과식물에서는 꽃과 과실을 다 가해한다.

분포: 아프리카, 인도, 스리랑카, 네팔, 부탄, 미얀마, 중국 남부, 대만, 홍콩, 태국, 베트남, 캄보디아, 라오스, 하와이, 마리나제도, 타이티.

유인제: Raspberry ketone, cue-lure.

DNA 바코드: 2019년 10월 현재 BOLD 데이터베이스에 1,500개 이상의 바코드가 입력되어 있으며 오동정도 없다. 다만 오이과실파리 개체들이 2개의 클러스터를 형성하는 것으로 보아, 아직 기록되지 않은 잠재종이 존재하는 것으로 사료된다.

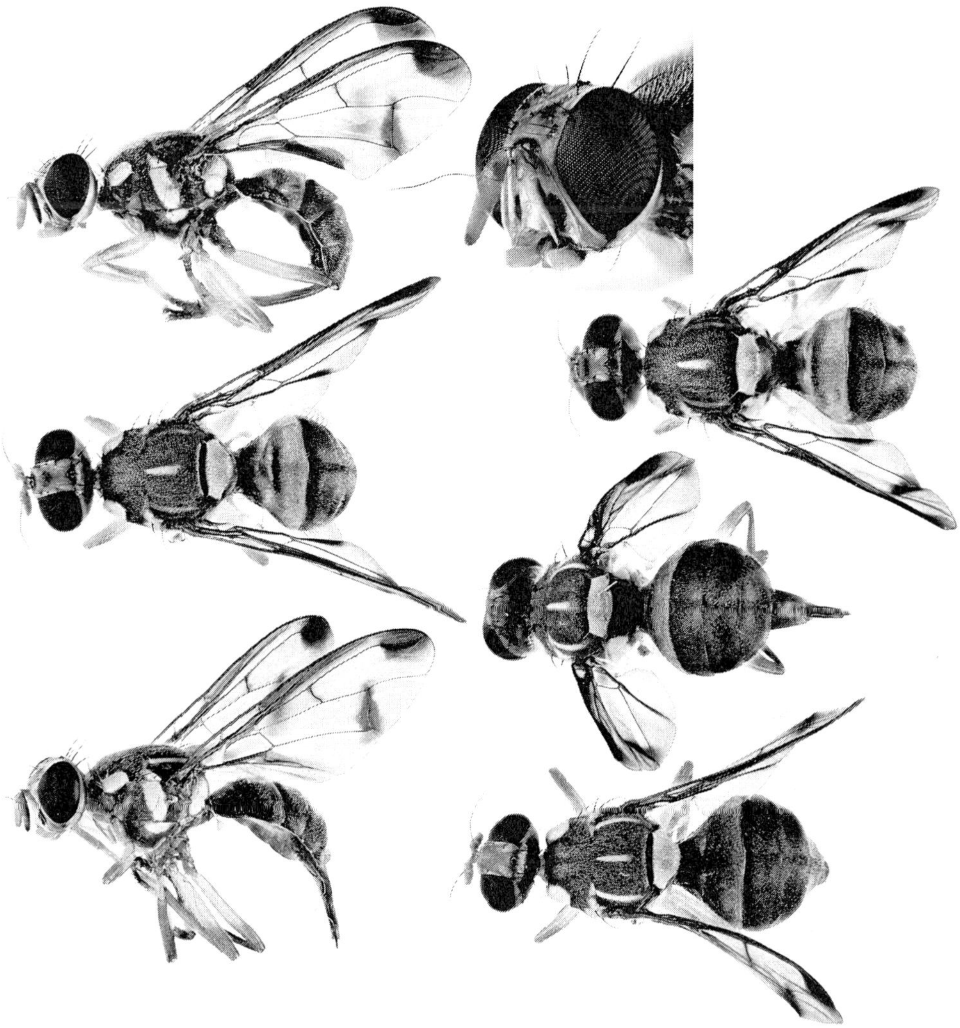

그림 37. 오이과실파리(*Zeugodacus cucurbitae*)의 수컷(1~3줄) 및 암컷(4~5줄). Photos by H.-Y. Han.

38. *Zeugodacus* (*Zeugodacus*) *decipiens* (Drew, 1972)

국명: 파푸아호박과실파리(신칭)

영명: Pumpkin fruit fly

아과/족: Dacinae: Dacini

Dacus decipiens Drew 1972: 13. — Papua New Guinea. New Britain: Keravat. HT ♀ QMBA.

검역해충 등급제안: 금지해충 제3급 46위 - **기존등급**: 없음

등급분류 근거: 파푸아뉴기니의 뉴브리튼섬으로 분포가 제한된 편이나, 도입 시 제주도에서 재배하는 박과식물을 가해할 가능성이 있다.

진단형질: 이 종은 독특한 날개무늬 및 복부등판이 제1등판을 제외하고 전체적으로 황갈색을 띠는 것으로 쉽게 구분이 가능하다.

성충형질: 대형의 *Zeugodacus*이다. 얼굴은 황갈색에 하단부 가까이에 흑갈색 가로띠가 있으며, 2쌍의 이마센털 1쌍의 안와센털이 있다. 방패판은 전체적으로 흑색이며, 횡단봉합선 뒤쪽 양 옆에는 1쌍의 뚜렷한 황색 세로띠가 작은방패판 측면 전방의 인트라알라센털을 지나서 끝나며, 황색 중앙세로띠는 측면 띠와 길이가 비슷하나 확연이 넓다. 작은방패판과 어깨돌기는 황색이다. 날개 앞쪽의 등옆판 및 그 아래로 측판 중앙을 지나 중흉앞하옆판 상부까지 황색의 넓은 띠를 형성하며, 후흉상·하옆등판도 황색이다. 작은방패판에는 2쌍의 센털이 있다. 다리는 전체적으로 황갈색이다. 날개는 투명하며 넓은 갈색 띠가 전단부를 따라 R_{4+5}맥을 지나서 M맥에 이르기 1/2에서 끝나며, 끝 부분이 확장되지 않는다. 추가로 bcu맥실과 A맥을 따라 넓은 갈색 띠가 있으며, R-M맥 및 DM-Cu맥을 따라 S-자 형의 넓은 갈색 무늬가 있다. 복부는 거의 황갈색이나 제1등판은 중앙부를 제외하고 흑갈색이며, 제5등판 중앙에는 가는 갈색 세로띠가 있다. 암컷의 산란통은 황갈색이다.

유충형질: 자료 없음.

숙주범위: 박과식물(열매).

가해 가능한 국내작물: 박과식물(열매).

분포: 파푸아뉴기니(New Britain).

유인제: 알려지지 않음.

DNA 바코드: 2019년 10월 현재 BOLD 데이터베이스에 수록된 바코드 서열이 없다.

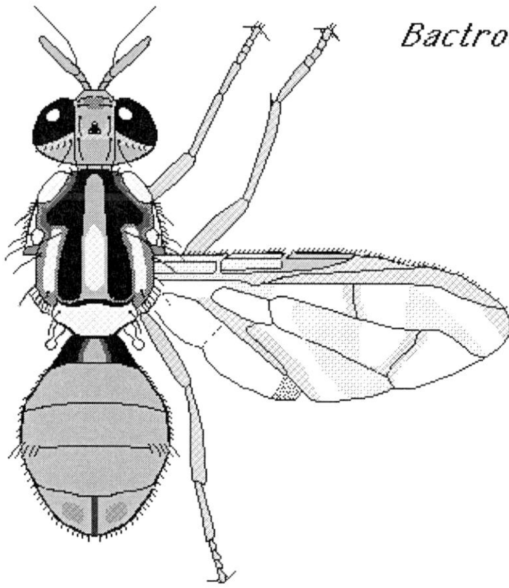

그림 38. 파푸아호박과실파리(*Zeugodacus decipiens*) 수컷. Drawing courtesy of Carroll et al., Pest fruit flies of the world, www.delta-intkey.com/ffa/index.htm (as of 2019/11).

39. *Zeugodacus* (*Zeugodacus*) *depressus* Shiraki, 1933

국명: 호박과실파리

영명: Pumpkin fruit fly

아과/족: Dacinae: Dacini

Zeugodacus depressus Shiraki 1933: 90. — Taiwan. Tattaka; Japan. Nagano-ken, Kiso-fukushima; Yamanashi-ken; Gigu-ken; & Shiga-ken. Syntype ♂♀ NTU.

Zeugodacus bezzianus Hering, 1941: 26. — China, Sichuan, MouPin [Pao Hing]. holotype ♀ BMNH.

Bactrocera (*Zeugodacus*) *nubila*: Jiang et al., 2013: 365 (DNA barcode) — misid. See Han et al. 2017: 1324.

검역해충 등급제안: 국내서식 해충 - **기존등급:** 없음

등급분류 근거: 한국, 일본, 대만 등지에 분포하며, 한국에서는 매우 흔한 곤충으로서, 주로 호박류의 심각한 해충이다.

진단형질: 언뜻 보기에 동남아에 널리 분포하는 *B. tau*와 비슷하나, 복부의 T-무늬가 덜 명확하며, 복부의 가로무늬들이 좁고, 다리가 거의 황갈색이며, 날개 말단의 흑색 점이 훨씬 좁은 것으로 쉽게 구분이 가능하다.

성충형질: 대형의 *Zeugodacus*이다. 얼굴은 황갈색에 1쌍의 타원형 흑색 점이 측면 하단부 가까이 있으며, 3쌍의 이마센털 중 앞쪽 2쌍은 가깝게 근접해있다. 안와센털은 1쌍이다. 방패판의 전반부 중앙부위는 갈색이며 어깨돌기 뒤는 흑색이다. 어깨돌기 후반 2/3부분은 흑색이나 작은방패판 앞으로는 황갈색을 띤다. 방패판 횡단봉합선 뒤쪽 양 옆에는 1쌍의 뚜렷한 황색 세로띠가 작은방패판 측면 전방의 인트라알라센털에서 끝나며, 황색 중앙세로띠는 측면 띠보다 훨씬 짧다. 작은방패판과 어깨돌기, 날개 앞쪽에서 측판 하단 부근까지 황색이다. 작은방패판에는 2쌍의 센털이 있다. 다리는 전체적으로 황갈색이다. 날개는 투명하며 좁은 갈색 띠가 전단부를 따라 R_{4+5}맥을 약간 지나서 끝나며, 끝 부분이 크게 확장되어 있다. 추가로 bcu맥실과 A맥을 따라 넓은 갈색 띠가 있다. 복부등판들은 황갈색-갈색 바탕에 흑갈색 무늬가 있으며 중앙 세로무늬가 보이며, 제3등판의 가로무늬와 함께 희미하게라도 T-자를 형성한다. 제4~5등판 측면에도 각각 좁은 흑색 가로무늬가 있다. 암컷의 산란통은 황갈색이며 제4~5등판을 합한 길이와 비슷하다.

유충형질: 자료 없음.

숙주범위: 박과식물의 과실을 가해.

가해 가능한 국내작물: 국내 자생 과실파리로서, 주로 호박류의 심각한 해충이다.

분포: 한국, 일본, 대만.

유인제: 알려지지 않음.

DNA 바코드: 2019년 10월 현재 BOLD 데이터베이스에 이 학명으로 한 개의 바코드가 수록되어 있다. 그러나 이 바코드를 확인해 보면 *B. bezziana*와 *B. nubila*로 표시된 개체들과 염기서열이 일치한다. 이들 중 *B. bezziana*는 호박과실파리와 동일종으로, *B. nubila*는 오동정으로 사료된다(Han et al., 2017).

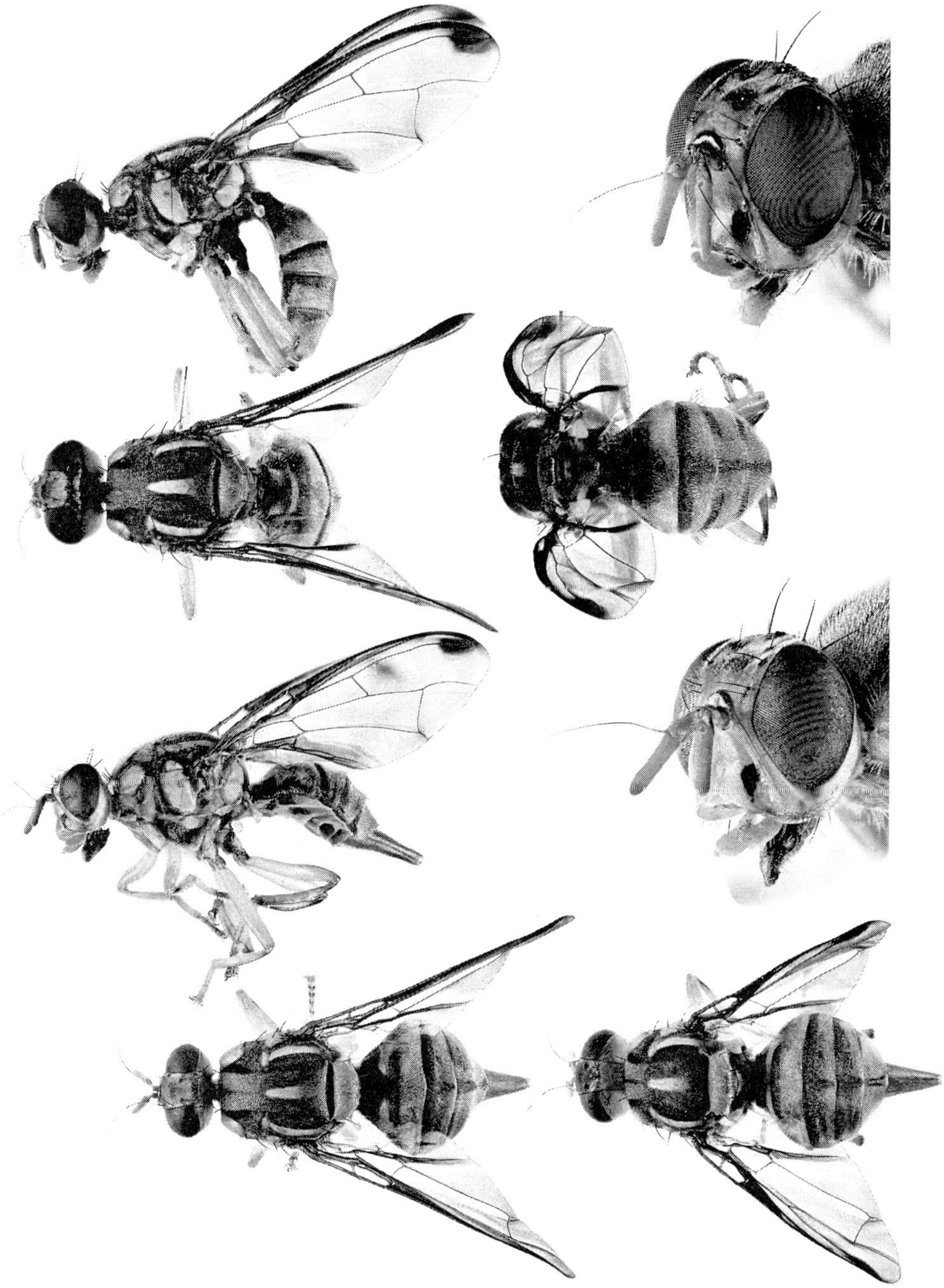

그림 39. 호박과실파리(*Zeugodacus depressus*)의 수컷(1~2줄) 및 암컷(3~4줄). Photos by H.-Y. Han.

40. *Zeugodacus* (*Zeugodacus*) *diversus* (Coquillett, 1904)

국명: 남방호박꽃과실파리(신칭)
영명: 없음
아과/족: Dacinae: Dacini

Dacus diversus Coquillett 1904: 139. – Sri Lanka. Western: Colombo; India. Karnataka: Bangalore. ST ♂♀ USNM.
Dacus quadrifidus Hendel 1928: 343. – Ceylon [Sri Lanka]. HT ♂ DEI.
Dacus citronellae Kapoor & Katiyar 1969: 123. – India. Bihar: Pusa. HT ♂ INPC.

검역해충 등급제안: 금지해충 제3급 42위 - **기존등급:** 없음
등급분류 근거: 박과식물(꽃)을 가해하며 분포범위가 넓어 파키스탄에서 중국 남서부까지 서식한다. 도입 시 제주도의 박과식물을 가해할 가능성이 있다.
진단형질: 이 종은 언뜻 보기에 *Z. tau* 또는 *Z. caudatus*와 비슷하나, 얼굴 하단부에 수컷은 흑색 점이 없으며, 암컷은 좁은 가로무늬가 있을 수 있다. 날개 전단부의 갈색 띠가 말단부에서 확장되지 않는 것으로도 쉽게 구분할 수 있다.
성충형질: 중형의 *Zeugodacus*이다. 얼굴은 황갈색에 하단부에 얼굴 하단부에 수컷은 흑색 점이 없으며, 암컷은 좁은 가로무늬가 있다. 2쌍의 이마센털과 1쌍의 안와센털을 갖는다. 방패판은 전체적으로 흑색이며, 횡단봉합선 뒤쪽 양 옆에는 1쌍의 뚜렷한 황색 세로띠가 작은방패판 측면 전방의 인트라알라센털을 바로 지나서 끝나며, 황색 중앙세로띠는 측면 띠보다 약간 짧다. 작은방패판과 어깨돌기는 황색이다. 날개 앞쪽의 등옆판 및 그 아래로 측판 중앙을 지나 중흉앞하옆판 상부까지 황색의 넓은 띠를 형성하며, 후흉상·하옆등판도 황색이다. 작은방패판에는 1쌍의 말단센털이 있다. 넓적다리마디들은 황갈색이며, 뒷다리 종아리마디는 갈색이다. 날개는 투명하며 좁은 갈색 띠가 전단부를 따라 R_{4+5}맥을 약간 지나서 끝나며, 끝부분이 확장되지 않는다. 추가로 bcu맥실과 A맥을 따라 넓은 갈색 띠가 있다. 복부등판들은 황갈색 바탕에 흑갈색 무늬가 있으며 좁은 중앙 세로띠가 뚜렷하며, 제3~4등판은 가로무늬와 함께 T-자를 형성한다. 암컷의 산란통은 황갈색이며 바로 제4~5등판 길이와 비슷하다.
유충형질: 자료 없음.
숙주범위: 박과식물(꽃).
가해 가능한 국내작물: 박과식물(꽃).
분포: 인도, 네팔, 스리랑카, 중국(사천, 유난), 태국.
유인제: Methyl Isoeugenol에 강하게 유인되며, cue-lure에 약하게 유인된다.
DNA 바코드: 2019년 10월 현재 BOLD 데이터베이스에서 *Bactrocera diversa* 또는 *Zeugodacus diversus*로 기록된 30개 이상의 바코드를 찾을 수 있다. 이들은 계통분석 시 단일 클러스터를 이루며, 1% 이내의 바코드 거리가 일치되는 개체들로서 명확한 동정이 가능하다. 바코드 분석에 따르면 *Z. caudatus*의 근연종으로 사료된다.

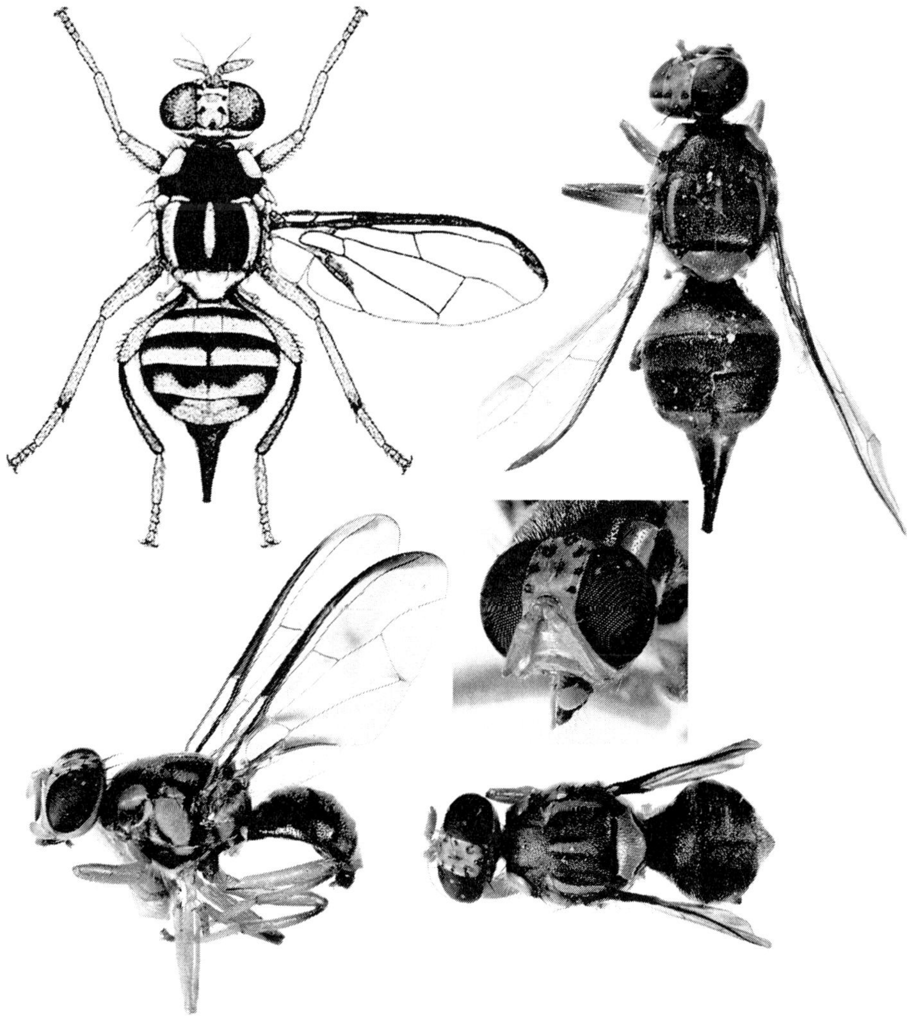

그림 40. 남방호박과실파리(*Zeugodacus diversus*), 암컷(윗줄 + 머리) 및 수컷(아랫줄). Drawing courtesy of Carroll et al., Pest fruit flies of the world, www.delta-intkey.com/ffa/index.htm (as of 2019/11). Photos by H.-Y. Han.

41. *Zeugodacus* (*Zeugodacus*) *hochii* (Zia, 1936)

국명: 수세미과실파리(신칭)

영명: 없음

아과/족: Dacinae: Dacini

Sinodacus hochii Zia 1936: 159. – China. Hainan. HT ♂ IZAS.
Sinodacus hainanus Chao & Lin 1996: 126. – China. Hainan: Baoting. HT ♂ PQMAB.

검역해충 등급제안: 관리해충 - **기존등급:** 없음

등급분류 근거: 동남아에 분포하며, 수세미를 비롯한 3종의 박과식물을 가해하는 것으로 알려져 있다.

진단형질: 이 종은 언뜻 보기에 *Dacus* 속의 *Callantra*아속과 비슷하다. 얼굴 하단에 넓은 흑갈색 가로띠가 있으며, 날개 말단부에 매우 큰 원형의 흑갈색 반점이 있는 것으로 쉽게 구분될 수 있다..

성충형질: 대형의 *Zeugodacus*이다. 얼굴은 황갈색에 하단부에 넓은 흑색 가로띠가 있으며, 2쌍의 이마센털과 1쌍의 안와센털이 있다. 방패판은 전체적으로 적갈색이며, 횡단봉합선 뒤쪽에는 측면 세로띠가 없으며, 중앙에만 가는 황색 세로띠가 있다. 어깨돌기와 작은방패판은는 황색이다. 날개 앞쪽의 등옆판 및 그 아래로 측판 중앙을 지나 중흉앞하옆판 상부까지 황색의 넓은 띠를 형성하며, 후흉상·하옆등판도 황색이다. 작은방패판에는 1쌍의 말단센털이 있다. 넓적다리마디들은 갈색이 우세하며, 종아리마디들은 황갈색이다. 날개는 투명하며 넓은 연갈색 띠가 전단부를 따라 R_{2+3}맥에서 끝나며, 날개 말단부에는 r_{4+5}맥실의 말단 1/2을 포함하는 큰 원형의 흑갈색 점이 이 있다. 추가로 bcu맥실과 A맥을 따라 황갈색 띠가 있다. 복부등판들은 적황색 바탕에 흑갈색 무늬가 있으며 좁은 중앙 세로띠가 뚜렷하며, 제3등판의 가로무늬와 함께 T-자를 형성한다.

유충형질: 자료 없음.

숙주범위: 수세미(*Luffa cylindrica*).

가해 가능한 국내작물: 수세미.

분포: 중국(유난성), 태국, 베트남, 말레이시아, 인도네시아.

DNA 바코드: 2019년 10월 현재 BOLD 데이터베이스에서 *Bactrocera hochii*로 기록된 16개의 바코드를 찾을 수 있다. 이들은 계통분석 시 단일 클러스터를 이루며, 1% 이내의 바코드 거리가 일치되는 개체들로서 명확한 동정이 가능하다.

그림 41. 수세미과실파리(*Zeugodacus hochii*)의 수컷. Photos by H.-Y. Han.

42. *Zeugodacus* (*Zeugodacus*) *mundus* (Bezzi, 1919)

국명: 애호박과실파리(신칭)

영명: 없음

아과/족: Dacinae: Dacini

Chaetodacus mundus Bezzi 1919: 429. — Philippines. Luzon, Laguna: Los Banos [14°11'N 121°11'E]; Mindanao, Davao. ST ♂♀ Baker. Lectotype designated by Hardy 1969: 481 invalid; ST currently in MCSNM.

Zeugodacus tibialis Shiraki 1933: 96. — Taiwan. Kashoto; & Taito. ST ♂♀ NTU.

검역해충 등급제안: 관리해충 - **기존등급:** 없음

등급분류 근거: 대만과 필리핀에 분포하며, 애호박류를 가해한다.

진단형질: 이 종은 언뜻 보기에 *Z. tau*와 비슷하나, 얼굴에 점이 없고, 날개 전단의 갈색 띠의 말단부가 확장되지 않으며, DM-Cu맥을 따라 좁은 갈색띠가 있는 것으로 쉽게 구분할 수 있다.

성충형질: 중형의 *Zeugodacus*이다. 얼굴은 황갈색에 점이 없다. 3쌍의 이마센털 중 앞쪽 2쌍은 가깝게 근접해있다. 안와센털은 1쌍이다. 방패판은 전체적으로 흑색이며, 횡단봉합선 뒤쪽 양 옆에는 1쌍의 뚜렷한 황색 세로띠가 작은방패판 측면 전방의 인트라알라센털 바로 전방에서 끝나며, 황색 중앙세로띠는 측면 띠보다 약간 짧다. 작은방패판과 어깨돌기는 황색이다. 날개 앞쪽의 등옆판 및 그 아래로 측판 중앙을 지나 중흉앞하옆판 상부까지 황색의 넓은 띠를 형성하며, 후흉상·하옆등판도 황색이다. 작은방패판에는 2쌍의 센털이 있다. 다리는 황갈색 바탕이며, 넓적다리마디 중 앞다리 것은 거의 갈색이며, 중간 것은 말단 1/2, 뒷 것은 말단 1/3이 갈색이다. 종아리마디들은 전체적으로 갈색이다. 날개는 투명하며 좁은 갈색 띠가 전단부를 따라 R_{4+5}맥을 약간 지나나 M에 이르기 1/2전에 끝나며, 끝 부분은 확장되지 않는다. 추가로 bcu맥실과 A맥을 따라 넓은 갈색 띠가 있으며, DM-Cu맥을 따라 있는 좁은 띠와 연하게 뒤쪽으로 연결되어 있다. 복부등판들은 황갈색 바탕에 흑갈색 무늬가 있으며 좁은 중앙 세로띠가 뚜렷하며, 제3등판의 가로무늬와 함께 T-자를 형성하며, 제4~5등판 측면에도 각각 넓은 흑색 가로무늬가 있다. 암컷의 산란통은 황갈색이며 제4~5등판 길이와 비슷하다.

유충형질: 자료 없음.

숙주범위: 애호박(꽃).

가해 가능한 국내작물: 애호박(꽃).

분포: 필리핀, 대만.

유인제: 알려지지 않음.

DNA 바코드: 2019년 10월 현재 BOLD 데이터베이스에 수록된 바코드가 없다.

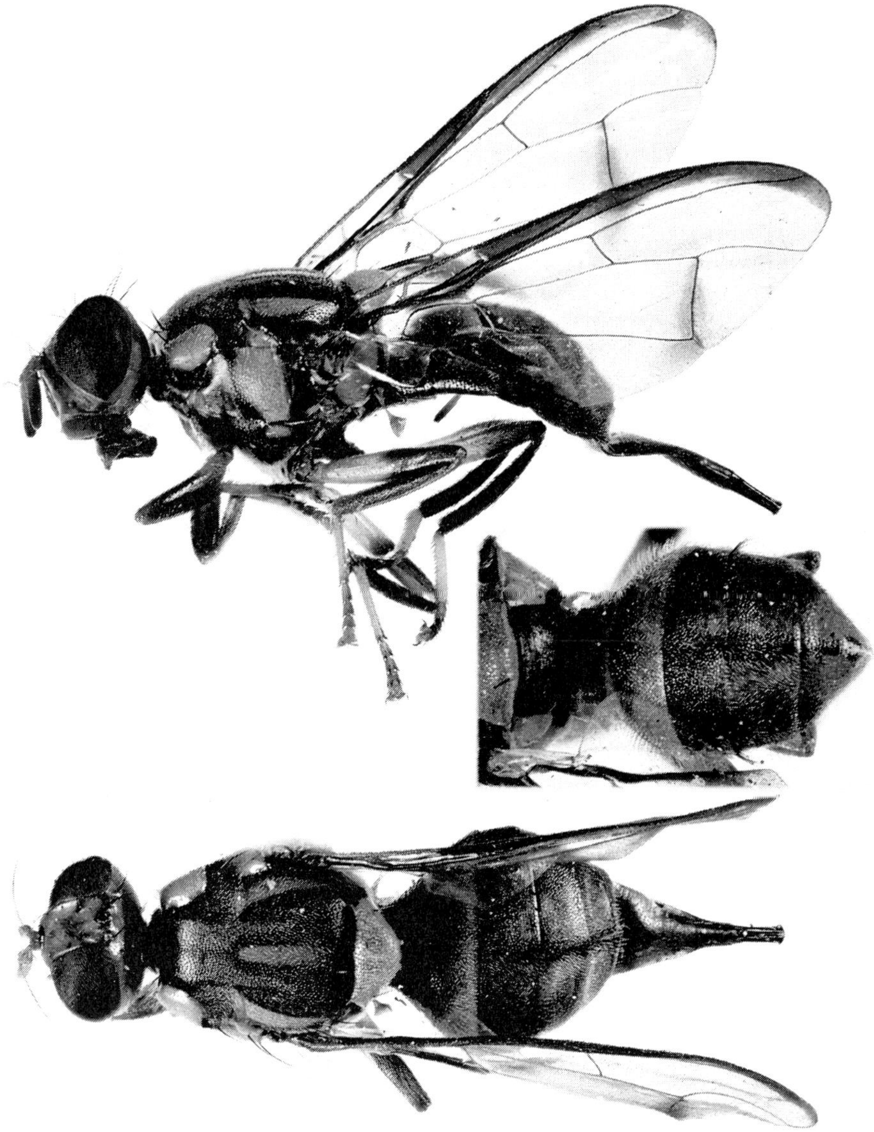

그림 42. 애호박과실파리(*Zeugodacus mundus*)의 수컷(중앙의 부분사진) 및 암컷(몸체 옆면, 등면). Photos by H.-Y. Han.

43. *Zeugodacus* (*Zeugodacus*) *scutellaris* (Bezzi, 1913)

국명: 동남아호박꽃과실파리(신칭)

영명: 없음

아과/족: Dacinae: Dacini

Bactrocera scutellaris Bezzi 1913: 98. — India. Meghalaya: Shillong; W. Bengal: Siliguri; Kurseong, 5000 ft.; Uttar Pradesh: Bhowali, Kuamon, 5700 ft. ST ♂♀ ZSI.

Zeugodacus malaisei Hering 1938: 4. — Burma. Kachin: Kambaiti [25°24'N 98°9'E]. HT ♀ NRS. N. Syn. of *Bactrocera scutellaris* Bezzi (Norrbom et al. 1999: 103).

Dacus pusaensis Kapoor & Katiyar 1970: 252. — India. Bihar: Pusa. HT ♂ INPC. N. Syn. of *Bactrocera scutellaris* Bezzi (Norrbom et al. 1999: 103).

검역해충 등급제안: 금지해충 제3급 47위 - **기존등급**: 없음

등급분류 근거: 박과식물의 꽃을 가해하며 분포범위가 넓어 중국 남서부까지 서식한다, 도입 시 제주도의 박과식물을 가해할 가능성이 있다.

진단형질: 이 종은 가슴과 배의 대부분이 검정색, 방패판에 3개의 매우 가는 황색 세로띠가 있고, 소순판이 황색이며 말단부가 흑색이며, 앞다리 종아리마디의 대부분, 중간 및 뒷다리 종아리마디의 말단 1/3이 흑색인 점 등으로 근연종들과 쉽게 구분이 가능하다.

성충형질: 중형의 *Zeugodacus*이다. 얼굴은 황갈색에 1쌍의 타원형 흑색 점이 측면 하단부 가까이 있으며, 3쌍의 이마센털 중 앞쪽 2쌍은 가깝게 근접해있다. 안와센털은 1쌍이다. 방패판은 전체적으로 흑색이며, 횡단봉합선 뒤쪽 양 옆에는 1쌍의 가는 황색 세로띠가 작은방패판 측면 전방의 인트라알라센털에서 끝나며, 황색 중앙세로띠는 측면 띠보다 훨씬 짧다. 작은방패판은 황색 바탕에 기부와 말단부가 흑색이다. 어깨돌기, 날개 앞쪽에서 측판 하단 부근까지 황색이다. 작은방패판에는 2쌍의 센털이 있다. 다리는 전체적으로 황색이나, 중간/뒷다리의 밑마디와 도래마디, 각 넓적다리마디의 말단부, 뒷다리 종아리마디의 기부와 말단부 쪽이 흑갈색이다. 날개는 투명하며 좁은 갈색 띠가 전단부를 따라 R_{4+5}맥을 약간 지나서 끝나며, 끝 부분이 약간 확장되어 있다. 추가로 bcu맥실과 A맥을 따라 좁은 갈색 띠가 있으며, DM-Cu맥을 따라서도 옅은 갈색무늬가 보인다. 복부등판들은 대부분 흑갈색 바탕이며, 제1등판 말단부에 가는 황색띠가, 제2등판 1/2 말단부에 넓은 황색띠가 있다, 개체에 따라 제3~5등판에 약간의 황색부분이 있을 수 있다. 암컷의 산란통은 흑갈색이며 제4~5등판 길이보다 길다.

숙주범위: 박과식물(꽃).

가해 가능한 국내작물: 박과식물(꽃).

분포: 인도, 네팔, 버마, 태국, 중국 남부.

유인제: Cue-lure.

DNA 바코드: 2019년 10월 현재 BOLD 데이터베이스에는 *Z. scutellaris*로 기록된 6개의 바코드를 찾을 수 있으며, 이들은 *B. scutellata* (=*Z. scutellatus*, 호박꽃과실파리) 로 기록된 19개의 염기서열과 구분되지 않는다. 그러나 BOLD에 같은 *B. scutellata*로 기록된 나머지 30개체들이 이들과 최소 6% 이상의 바코드 거리로 명확히 분리되어 있는 것을 확인하였다. 이들은 본인들이 정확히 동정한 한국산 호박꽃과실파리와 바코드 서열이 거의 동일하므로 정확히 동정된 것들임을 알 수 있었다. 따라서 앞서 19개체의 호박꽃과실파리는 *Z. scutellaris*의 오동정 또는 유사종으로 사료된다.

그림 43. 동남아호박꽃과실파리(*Zeugodacus scutellaris*), 수컷(윗줄, 둘째 줄 좌측) 및 암컷(둘째 줄 우측, 아랫줄). Photos by H.-Y. Han.

44. *Zeugodacus* (*Zeugodacus*) *scutellatus* (Hendel, 1912)

국명: 호박꽃과실파리

영명: Striped fruit fly

아과/족: Dacinae: Dacini

Dacus scutellatus Hendel 1912: 20. – Taiwan. Koshun. Holotype ♂ DEI.

Dacus bezzii Miyake 1919: 146. – Japan. Kyushu: Oita, Tsugumi; Miyazaki; & Kagoshima; Honshu: Kyoto. Syntype ♂♀ Unknown. Syntype probably destroyed (Shiraki 1933: 85).

Dacus trivittatus: Matsumura 1916: 411. – misid. See Shiraki 1933: 82.

검역해충 등급제안: 국내서식 해충 - **기존등급**: 없음

등급분류 근거: 한국, 일본, 대만, 중국남부 등지에 분포하며, 한국에서는 매우 흔하며, 박과식물의 꽃(주로 수꽃)의 해충이다.

진단형질: 이 종은 방패판의 전반부가 완전히 흑색이며, 후반부에 3개의 황색 세로띠가 있는 점, 작은방패판이 황색이며 말단부가 흑색인 점, 뒷다리 종아리마디가 흑갈색 바탕에 중앙부가 황갈색인 점 등으로 근연종들과 쉽게 구분이 가능하다.

성충형질: 중형의 *Zeugodacus*이다. 얼굴은 황갈색에 1쌍의 타원형 흑색 점이 측면 하단부 가까이 있으며, 3쌍의 이마센털 중 앞쪽 2쌍은 가깝게 근접해있다. 안와센털은 1쌍이다. 방패판은 전체적으로 흑색이며, 횡단봉합선 뒤쪽 양 옆에는 1쌍의 뚜렷한 황색 세로띠가 작은방패판 측면 전방의 인트라알라센털에서 끝나며, 황색 중앙세로띠는 측면 띠보다 훨씬 짧다. 작은방패판은 황색 바탕에 기부와 말단부가 흑색이다. 어깨돌기는 황색이며, 날개 앞쪽의 등옆판 및 그 아래로 측판 중앙을 지나 중흉앞하옆판 상부까지 황색의 넓은 띠를 형성하며, 후흉상·하옆등판도 황색이다. 작은방패판에는 2쌍의 센털이 있다. 다리는 전체적으로 옅은 갈색이나, 중간/뒷다리의 밑마디와 도래마디, 각 넓적다리마디의 말단부, 뒷다리 종아리마디의 기부와 말단부 쪽이 흑갈색이다. 날개는 투명하며 좁은 갈색 띠가 전단부를 따라 R_{4+5}맥을 약간 지나서 끝나며, 끝 부분이 약간 확장되어 있다. 추가로 bcu맥실과 A맥을 따라 좁은 갈색 띠가 있으며, DM-Cu맥을 따라서도 옅은 갈색무늬가 보인다. 복부등판들은 황갈색-갈색 바탕이며, 짙은 흑색의 가로띠들이 각 등판마다 있다. 제1, 2등판은 각각 기부에 좁은 가로무늬가, 제3~5등판들은 각기 기부에 T-자형의 가로띠가 있다. 암컷의 산란통은 황갈색이며 제5등판 길이와 비슷하다.

유충형질: 자료 없음.

숙주범위: 박과식물의 수꽃을 주로 가해(상세한 숙주 목록은 Allwood et al. (1999)을 참조할 것).

가해 가능한 국내작물: 국내 자생 과실파리로서, 박과식물의 수꽃을 주로 가해함.

분포: 한국, 일본, 중국 남부, 부탄, 대만, 베트남.

유인제: Raspberry ketone, cue-lure.

DNA 바코드: 2019년 10월 현재 BOLD 데이터베이스에 *B. scutellata*로 50개체 이상 입력되어 있다. 1% 이내로 대부분의 종들과 일치하면 안심하고 동정할 수 있다.

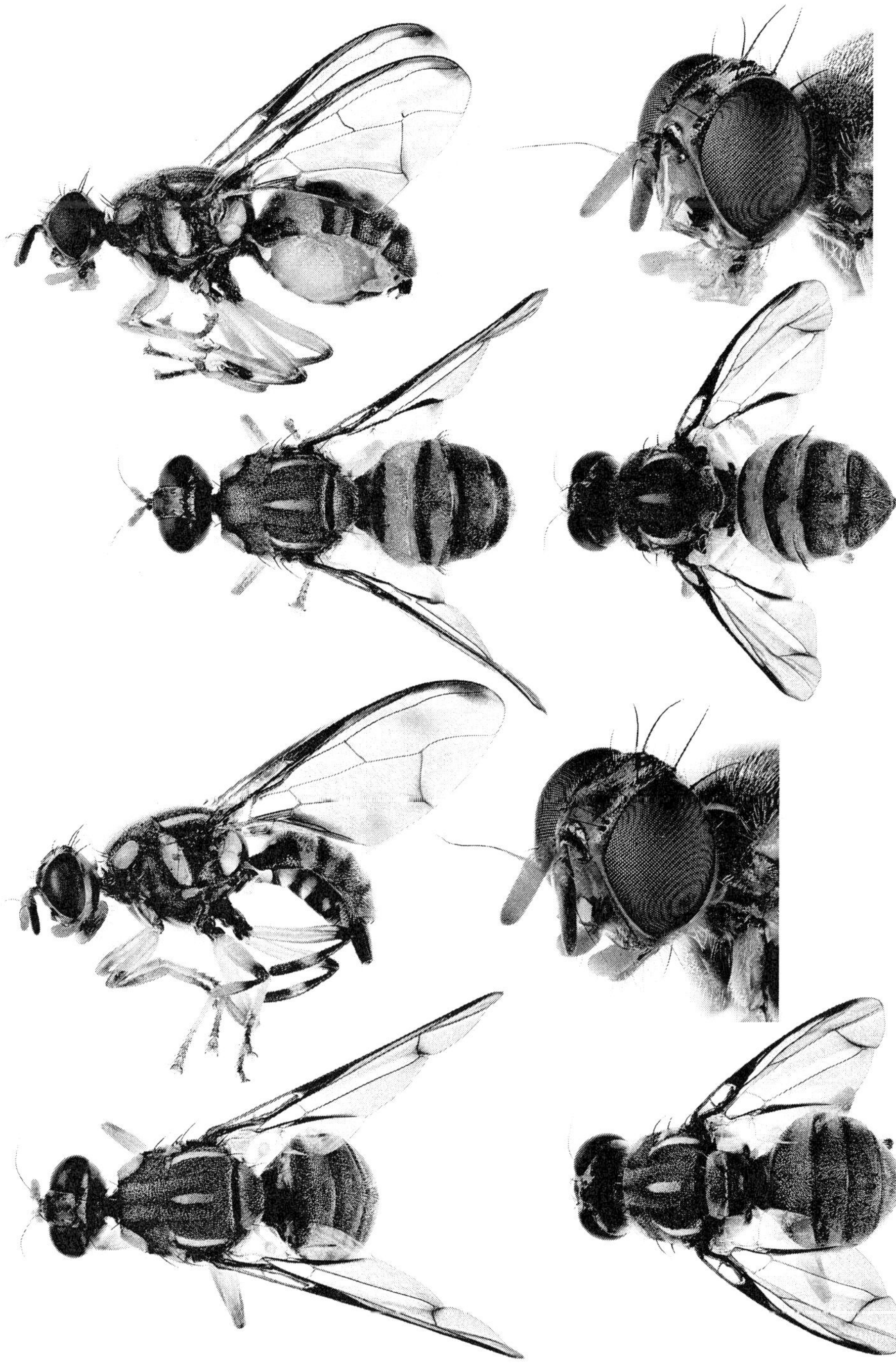

그림 44. 호박꽃과실파리(*Zeugodacus scutellatus*)의 수컷(1~2줄) 및 암컷(3~4줄). Photos by H.-Y. Han.

45. *Zeugodacus* (*Zeugodacus*) *strigifinis* (Walker, 1861)

국명: 호주호박꽃과실파리(신칭)

영명: 없음

아과/족: Dacinae: Dacini

Dacus strigifinis Walker 1861: 295. — Indonesia. Maluku: Batchian [Bacan I.]. T ♀ BMNH. ST lost (Drew 1989: 208), or sex misstated by Walker, only male in BMNH (see Hardy 1959: 183).

Neodacus lanceolatus Perkins 1939: 22. — Papua New Guinea. Kokodo, 1200 ft.; Ishurava, 3000 ft.; Central: Mondo [8°33'S 147°7'E], 5000 ft.; Northern: Mt. Lamington Dist. ST ♂♀ BMNH. Also ST in UQIC (possibly now in QMBA).

Dacus albolateralis Malloch 1939: 413. — Papua New Guinea. Morobe: Upper Watut. HT ♀ AMS.

Neodacus strigifinis ssp. *atritus* May 1962: 65. — Papua New Guinea. Eastern Highlands: Aiyura. HT ♂ QMBA.

검역해충 등급제안: 금지해충 제3급 49위 - **기존등급:** 없음

등급분류 근거: 인도네시아, 파푸아뉴기니, 호주 등지에서 박과식물의 꽃을 가해하며, 도입 시 제주도의 박과식물을 가해할 가능성이 있다.

진단형질: 이 종은 전체적으로 황오렌지 색을 띠며, 특히 복부에 어두운 무늬가 거의 없다. 복부 제5등판의 중앙에는 좁은 흑갈색의 세로띠가 있다.

성충형질: 중형의 *Zeugodacus*이다. 얼굴은 황갈색에 1쌍의 작은 원형 흑색 점이 측면 하단부 가까이 있으며, 2쌍의 이마센털과, 1쌍의 안와센털을 가진다. 방패판은 전체적으로 황오렌지색이며, 횡단봉합선 뒤쪽 양 옆에는 1쌍의 뚜렷한 황색 세로띠가 작은방패판 측면 전방의 인트라알라센털 앞에서 끝나며, 황색 중앙세로띠는 측면 띠보다 훨씬 넓다. 작은방패판과 어깨돌기는 황색이며, 날개 앞쪽의 등옆판 및 그 아래로 측판 중앙을 지나 중흉앞하옆판 상부까지 황색의 넓은 띠를 형성하며, 후흉상·하옆등판도 황색이다. 작은방패판에는 1쌍의 말단센털이 있다. 다리는 전체적으로 황갈색이다. 날개는 투명하며 좁은 갈색 띠가 전단부를 따라 R_{4+5}맥을 지나서 M맥 1/2 전방에서 끝나며, 끝 부분이 확장되지 않는다. 추가로 bcu맥실과 A맥을 따라 좁은 갈색 띠가 있으며, DM-Cu맥을 따라서도 옅은 갈색무늬가 보인다. 복부등판들은 황오렌지색이며 제5등판 중앙에는 좁은 흑갈색의 세로띠가 있다. 암컷의 산란통은 황오렌지색이며 제4~5등판보다 약간 짧다.

유충형질: 자료 없음.

숙주범위: 박과식물(꽃).

가해 가능한 국내작물: 박과식물(꽃).

분포: 아프리카, 인도네시아(Maluku), 파푸아뉴기니, 호주(Qld.).

유인제: Cue-lure.

DNA 바코드: 2019년 10월 현재 BOLD 데이터베이스에서 *Bactrocera strigifinis*로 기록된 3개의 바코드를 찾을 수 있다. 이들은 계통분석 시 단일 클러스터를 이루며, 0.5% 이내의 바코드 거리가 일치되는 개체들로서 동정이 가능하다.

그림 45. 호주호박꽃과실파리(*Zeugodacus strigifinis*)의 암컷. Photos by H.-Y. Han.

46. *Zeugodacus* (*Zeugodacus*) *tau* (Walker, 1849)

국명: 타우과실파리(신칭)

영명: Pumpkin fruit fly

아과/족: Dacinae: Dacini

Dasyneura tau Walker 1849: 1074. – China. Jiangxi: Foochow [Fuzhou]; & unknown locality. Syntype ♂ BMNH. Type data (Hardy 1959: 185).

Dacus hageni Meijere 1911: 375. – Indonesia. Sumatra: Serdang, Tandjong Morawa. Syntype ♀ RNH.

Dacus caudatus var. *nubilus* Hendel 1912: 16. – Taiwan. Tainan. Lectotype♀ NMW. Lectotype designated by Hardy 1968: 113.

Dacus nubilus ssp. *femoralis* Hendel 1934: 11. – China. ne. Sichuan. Holotype ♀ NRS?

Zeugodacus bezzianus f. *signata* Hering 1941: 10. – India. Sikkim. Syntype ♂♀ ZMHU.

Zeugodacus nubilus ssp. *heinrichi* Hering 1941: 11. – Indonesia. Sulawesi: Bantimoeroeng. Holotype ♀ ZMHU.

Zeugodacus bezzianus Hering 1941: 26. – China. Sichuan: Mou Pin [Pao Hing]. Holotype ♀ BMNH.

검역해충 등급제안: 금지해충 제1급 18위 - **기존등급**: 금지해충

등급분류 근거: 인도에서 동남아시아 및 중국 남서부까지 널리 분포한다. 주로 박과 식물의 과실을 가해하나, 다른 8개 식물의 과를 가해한 기록이 있는 적응성이 뛰어나며 흔한 해충이다.

진단형질: 이 종은 분포지인 동남아시아에서 매우 흔하다. 근연종들과의 구분을 위해 가슴 및 배무늬와 날개무늬를 잘 확인하여야 한다. 특히 작은방패판이 전부 황색이며, 복부등판의 T-무늬, 넓적다리 마디들의 끝부분 가까이에 흑갈색 무늬가 있는 점으로 근연종들과 구분이 가능하다.

성충형질: 중형의 *Zeugodacus*이다. 얼굴은 황갈색에 1쌍의 타원형 흑색 점이 측면 하단부 가까이 있으며, 3쌍의 이마센털 중 앞쪽 2쌍은 가깝게 근접해있다. 안와센털은 1쌍이다. 방패판의 전반부 중앙부위는 갈색이며 정중앙에 가는 흑색 세로띠가 있으며 어깨돌기 뒤는 흑색이다. 방패판 횡단봉합선 뒤쪽 양 옆에는 1쌍의 뚜렷한 황색 세로띠가 작은방패판 측면 전방의 인트라알라센털에서 끝나며, 황색 중앙세로띠는 측면 띠보다 훨씬 짧다.작은방패판과 어깨돌기는 황색이다. 날개 앞쪽의 등옆판 및 그 아래로 측판 중앙을 지나 중흉앞하옆판 상부까지 황색의 넓은 띠를 형성하며, 후흉상·하옆등판도 황색이다. 작은방패판에는 2쌍의 센털이 있다. 넓적다리마디들은 황갈색이며 마디들의 끝부분 가까이에 흑갈색 무늬가 있다. 뒷다리 종아리마디는 흑갈색이다. 날개는 투명하며 좁은 갈색 띠가 전단부를 따라 R_{4+5} 맥을 약간 지나서 끝나며, 끝 부분이 크게 확장되어 있다. 추가로 bcu맥실과 A맥을 따라 넓은 갈색 띠가 있다. 복부등판들은 황갈색-갈색 바탕에 흑갈색 무늬가 있으며 중앙 세로무늬가 뚜렷하며, 제3등판의 가로무늬와 함께 T-자를 형성하며, 제4~5등판 측면에도 각각 넓은 흑색 가로무늬가 있다. 암컷의 산란통은 황갈색이며 제4~5등판보다 약간 짧다.

유충형질: White & Elson-Harris (1992) 273쪽 참조.

숙주범위: 박과식물 외에도 다음 과들을 가해한 기록이 있다(Allwood et al., 1999): Arecaceae, Fabaceae, Loganiaceae, Moraceae, Myrtaceae, Oleaceae, Sapotaceae, Vitaceae.

가해 가능한 국내작물: 박과식물(열매).

분포: 인도, 스리랑카, 부탄, 베트남, 중국 남부, 대만, 말레이시아, 싱가포르, 부르나이.

유인제: Cue-lure.

DNA 바코드: 2019년 10월 현재 BOLD 데이터베이스에 *Bactrocera tau* 또는 *Zeugodacus tau*로 130개체 이상이 입력되어 있다. 일부 오동정으로 추정되는 개체들이 같은 클러스터를 이루므로, 동정 시 대부분의 개체들과 바코드 거리가 1% 이내로 일치하는지 확인하여야 한다.

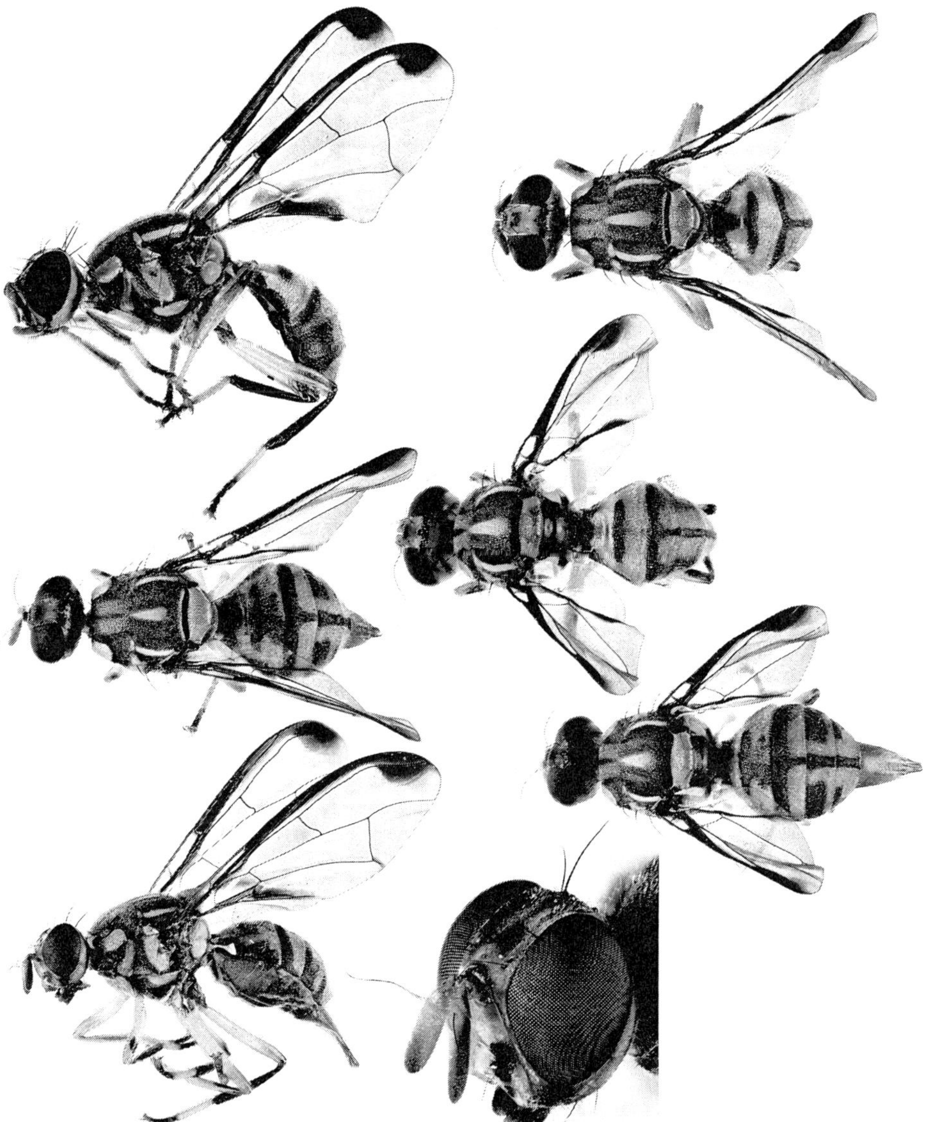

그림 46. 타우과실파리(*Zeugodacus tau*)의 수컷(1~3줄) 및 암컷(4~6줄). Photos by H.-Y. Han.

47. *Zeugodacus* (*Zeugodacus*) *triangularis* (Drew, 1968)

국명: 뉴기니호박꽃과실파리(신칭)

영명: 없음

아과/족: Dacinae: Dacini

Asiadacus triangularis Drew 1968: 21. — Papua New Guinea. New Britain. HT ♂ QMBA.

검역해충 등급제안: 금지해충 제3급 50위 - **기존등급**: 없음

등급분류 근거: 뉴기니의 비스마르크제도에 분포하며 박과식물의 꽃을 가해한다. 도입 시 제주도의 박과식물을 가해할 가능성이 있다.

진단형질: 이 종은 독특한 체형과 무늬로 쉽게 구분이 가능하다. 전체적으로 황오렌지색이며 노란색의 작은방패판과 바로 앞 쪽 방패판의 노란색 부위가 삼각형을 형성한다. 복부 제1등판은 약간 길게 신장되어 복부 전체가 표주박과 같은 형상이다. 날개의 패턴도 상당히 독특하다(사진 참조).

성충형질: 중형의 *Zeugodacus*이다. 얼굴은 황갈색에 1쌍의 큰 원형 흑색 점이 측면 하단부 가까이 있으며, 2쌍의 이마센털과, 1쌍의 안와센털을 가진다. 방패판은 전체적으로 황오렌지색이며, 양 옆에는 세로띠가 없다. 노란색의 작은방패판과 바로 앞 쪽 방패판의 노란색 부위가 삼각형을 형성한다. 날개 앞쪽의 등옆판 및 그 아래로 측판 중앙을 지나 중흉앞하옆판 상부까지 황색의 넓은 띠를 형성하며, 후흉 상·하옆등판도 황색이다. 작은방패판에는 1쌍의 말단센털이 있다. 다리는 전체적으로 황갈색이다. 날개는 투명하며 좁은 갈색 띠가 전단부를 따라 R_{4+5}맥을 지나서 M맥 1/2 전방에서 끝나며, 끝 부분이 확장되지 않는다. 추가로 bcu맥실과 A맥을 따라 좁은 갈색 띠가 있으며, DM-Cu맥을 따라 뚜렷한 갈색띠가 위쪽의 r_{4+5}맥실을 가로지르면 연장되어 있다. 맥실 dm의 중앙부 및 위쪽 R-M맥과 아래쪽 cu2 맥실 윗부분을 포괄하는 넓은 무정형의 연갈색의 띠가 있다. 복부등판들은 황오렌지색이며 제1등판은 약간 길게 신장되어 복부 전체가 표주박과 같은 형상이다.

유충형질: 자료 없음.

숙주범위: 박과식물(꽃).

가해 가능한 국내작물: 박과식물(꽃).

분포: 파푸아뉴기니 비스마르크제도의 뉴브리튼섬, 뉴아일랜드섬, 부건빌섬 등.

유인제: 알려져 있지 않음.

DNA 바코드: 2019년 10월 현재 BOLD 데이터베이스에 수록된 바코드가 없다.

그림 47. 뉴기니호박꽃과실파리(*Zeugodacus triangularis*)의 수컷. Photos by H.-Y. Han.

48. *Dacus* (*Callantra*) *solomonensis* Malloch, 1939

국명: 솔로몬호박과실파리(신칭)

영명: 없음

아과/족: Dacinae: Dacini

Dacus solomonensis Malloch 1939: 236. ― Solomon Is. Guadalcanal: Lunga. HT ♀ BMNH.

검역해충 등급제안: 금지해충 제3급 48위 - **기존등급**: 없음

등급분류 근거: 솔로몬군도 및 부건빌섬에 분포하며, 호박이나 오이를 가해하는 해충이다.

진단형질: 이 종은 전체적으로 갈색을 띠며, 방패판의 횡단봉합선 끝부분에서 시작하여 넓은 황색 띠가 등옆판, 및 그 아래로 측판 중앙을 지나 중흉앞하옆판 상부까지 이어져 있다. 위에서 보면, 제1 복부마디가 매우 잘록하다.

성충형질: 얼굴은 황갈색에 1쌍의 작은 원형 흑색 점이 측면 하단부 가까이 있으며, 이마센털은 없으며, 1쌍의 안와센털을 가진다. 방패판은 전체적으로 갈색이며, 횡단봉합선 끝부분에서 시작하여 넓은 황색 띠가 등옆판, 및 그 아래로 측판 중앙을 지나 중흉앞하옆판 상부까지 이어져 있다. 어깨돌기 작은방패판, 후흉상·하옆등판도 황색이다. 작은방패판에는 1쌍의 말단센털이 있다. 다리는 종아리와 넓적다리 마디들은 갈색이며, 발목마디 부분들은 약간 옅은 색이다. 날개에는 넓은 갈색 띠가 중맥(M)을 경계로 앞쪽으로 가로질러 있다. 맥실 bcu는 매우 길게 신장되어 날개 가장자리에 이르며 갈색이다. 복부는 갈색이며, 위에서 보면, 제1 복부마디가 매우 잘록하다.

유충형질: 자료 없음.

숙주범위: 호박 및 오이를 비롯한 박과식물(열매).

가해 가능한 국내작물: 박과식물(열매).

분포: 부건빌섬, 솔로몬군도.

유인제: Cue-lure.

DNA 바코드: 2019년 10월 현재 BOLD 데이터베이스에 수록된 바코드가 없다.

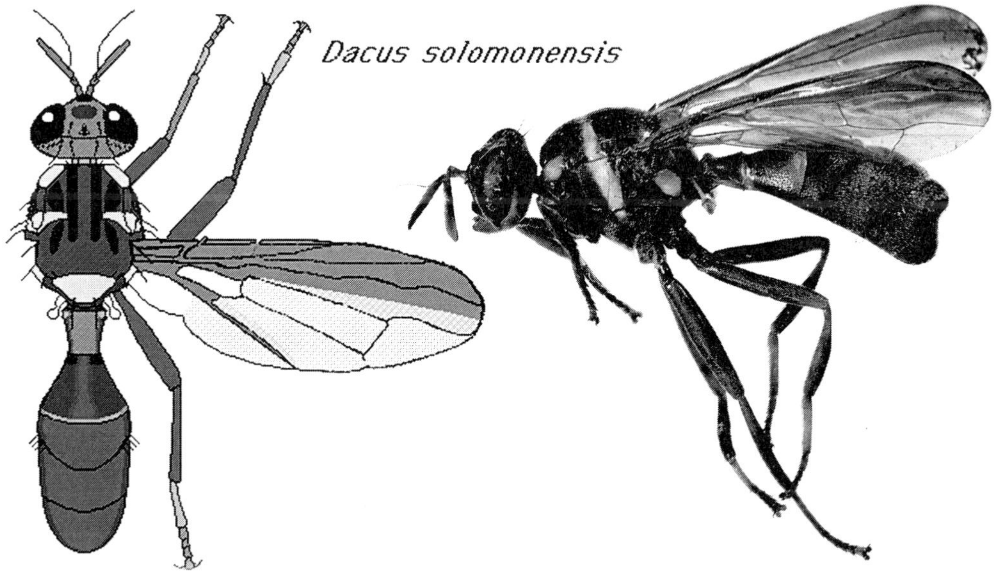

그림 48. 솔로몬호박과실파리(*Dacus solomonensis*) 수컷. Drawing courtesy of Carroll et al., Pest fruit flies of the world, www.delta-intkey.com/ffa/index.htm (as of 2019/11). Photo by H.-Y. Han.

49. *Dacus* (*Didacus*) *ciliatus* Loew, 1862

국명: 에티오피아과실파리

영명: Ethiopian fruit fly

아과/족: Dacinae: Dacini

Dacus ciliatus Loew 1862: 7. — Guinea; & South Africa. Cape: Cap. Bon. Sp. [Cape of Good Hope]. ST ♂♀ NRS,UZMC. Type data (Munro 1932: 152).

Dacus sigmoides Coquillett 1901: 29. — Mauritius. HT ♀ USNM.

Dacus brevistylus Bezzi 1908: 149. — Eritrea. Cheren; & vic. Adi Ugri. ST ♂♀ MZLS. Possibly also ST in MCSNM.

Dacus apoxanthus var. *decolor* Bezzi 1924: 467. — South Africa. Cape: Grahamstown. ST ♀ SANC.

Dacus insistens Curran 1927: 85. — Zaire. Bas-Zaire: Boma (30°N 13°E). HT ♀ AMNH.

Dacus cocciniae Premlata & Singh 1988: 401. — India. Punjab: Chandigarh. HT ♂ PUCP.

Tridacus mallyi Munro 1925: 42. — Nomen nudum. Published without diagnosis or indication. Attributed to Bezzi.

검역해충 등급제안: 금지해충 제2급 41위 - **기존등급:** 없음

등급분류 근거: 박과식물(열매)을 가해한다. 아프리카 원산이나, 중동이나 인도, 파키스탄 등지에 도입이 되었으므로 침투성이 높은 해충이다.

진단형질: 이 종은 전체적으로 갈색을 띠며, 위에서 보면 어깨판, 횡단봉합선 앞으로 그어진 가는 1쌍의 가로띠, 그리고 작은방패판이 황색이다. 또한 제3 복부등판의 중앙에 1쌍의 작은 원형 흑갈색 반점을 갖는 것도 특이하다.

성충형질: 얼굴은 황갈색에 1쌍의 작은 원형 흑색 점이 측면 하단부 가까이 있으며, 2쌍의 이마센털과, 1쌍의 안와센털을 가진다. 방패판은 전체적으로 갈색이며, 횡단봉합선 앞부분을 따라 가는 1쌍의 가로띠가 있으며, 어깨돌기 작은방패판도 황색이다. 날개 앞쪽의 등옆판 후반부 및 그 아래로 측판 중앙을 지나 중흉앞하옆판 상부까지 황색의 넓은 띠를 형성하며, 후흉상·하옆등판도 황색이다. 작은방패판에는 1쌍의 말단센털이 있다. 다리는 전체적으로 연갈색이다. 날개는 투명하며 좁은 갈색 띠가 전단부를 따라 R_{2+3}맥 끝에 이르러 급격히 좁아지며, 다시 약간 넓어져서 R_{4+5}맥을 약간 지나서 끝나며, 끝 부분이 확장되지 않는다. 추가로 bcu맥실과 A맥을 따라 좁은 갈색 띠가 있다. 복부등판들은 전체적으로 갈색이며, 제3 등판의 중앙에 1쌍의 작은 원형 흑갈색 반점을 갖는다.

유충형질: 자료 없음.

숙주범위: 박과식물(열매).

가해 가능한 국내작물: 박과식물(열매).

분포: 아프리가 원산이며 중동(이집트, 이스라엘), 파키스탄, 인도, 방글라데시, 스리랑카에 도입됨.

유인제: 알려지지 않음.

DNA 바코드: 2019년 10월 현재 BOLD 데이터베이스에서 70개 이상의 바코드를 찾을 수 있다. 이들은 계통분석 시 단일 클러스터를 이루며, 0.5% 이내의 바코드 거리가 일치되는 개체들로서 동정이 가능하다.

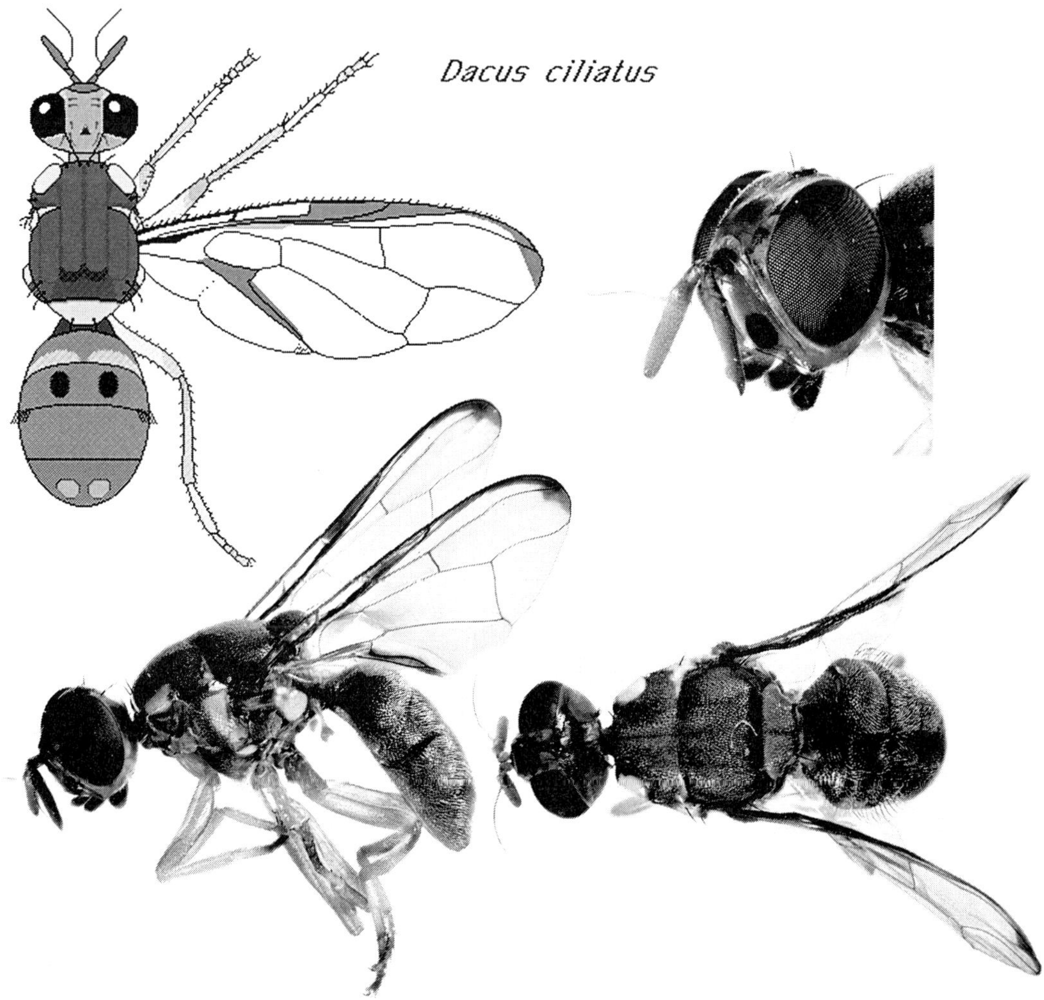

그림 49. 에티오피아과실파리(*Dacus ciliatus*) 수컷. Drawing courtesy of Carroll et al., Pest fruit flies of the world, www.delta-intkey.com/ffa/index.htm (as of 2019/11). Photos by H.-Y. Han.

50. *Ceratitis* (*Ceratalaspis*) *quinaria* (Bezzi, 1918)

국명: 닷점박이과실파리(신칭)

영명: Five-spotted fruit fly

아과/족: Dacinae: Ceratitidini

Pardalaspis quinaria Bezzi 1918: 235. — Zimbabwe. Salisbury [Harare]. Syntype ♂♀ BMNH.

검역해충 등급제안: 금지해충 제3급 60위 - **기존등급**: 금지해충

등급분류 근거: 아프리카에 분포하며 주요 해충으로 인식된 적은 없으나, 한국 도입 시 살구, 복숭아, 귤류를 가해할 수 있다.

진단형질: 이 종은 전체적으로 연한 황갈색을 띠는 점과 소순판에 있는 5개의 점으로 구분할 수 있다.

성충형질: 몸 전체가 대부분 연한 황갈색이다. 이마센털과 안와센털은 각 2쌍이며 갈색이다. 작은방패판은 볼록하며 반짝이는 황갈색에 5개의 흑색 점이 그림에서와 같이 배열되어 있다. 가슴측판과 다리는 연한 황갈색이다. 날개 패턴은 상대적으로 단순하며 전단부의 황색 가로띠와 기부의 세로띠가 연결되어 있다. 추가적으로 DM-Cu맥을 따라 굵은 갈색띠가 있다. 복부의 길이와 너비가 비슷하며, 산란통의 색깔도 연한 황갈색이다.

유충형질: 자료 없음.

숙주범위: 살구, 귤류, 구아바, 복숭아를 가해한 기록이 있다

가해 가능한 국내작물: 살구, 귤류, 복숭아.

분포: 케냐, 짐바브웨, 남아프리카.

유인제: Terpinyl acetate.

DNA 바코드: 2019년 10월 현재 BOLD 데이터베이스에 20개체가 입력되어 있다. 바코드 계통분석 시 근연종인 *C. silvestrii*와 같은 클러스터를 이루며, 구분되지 않는다.

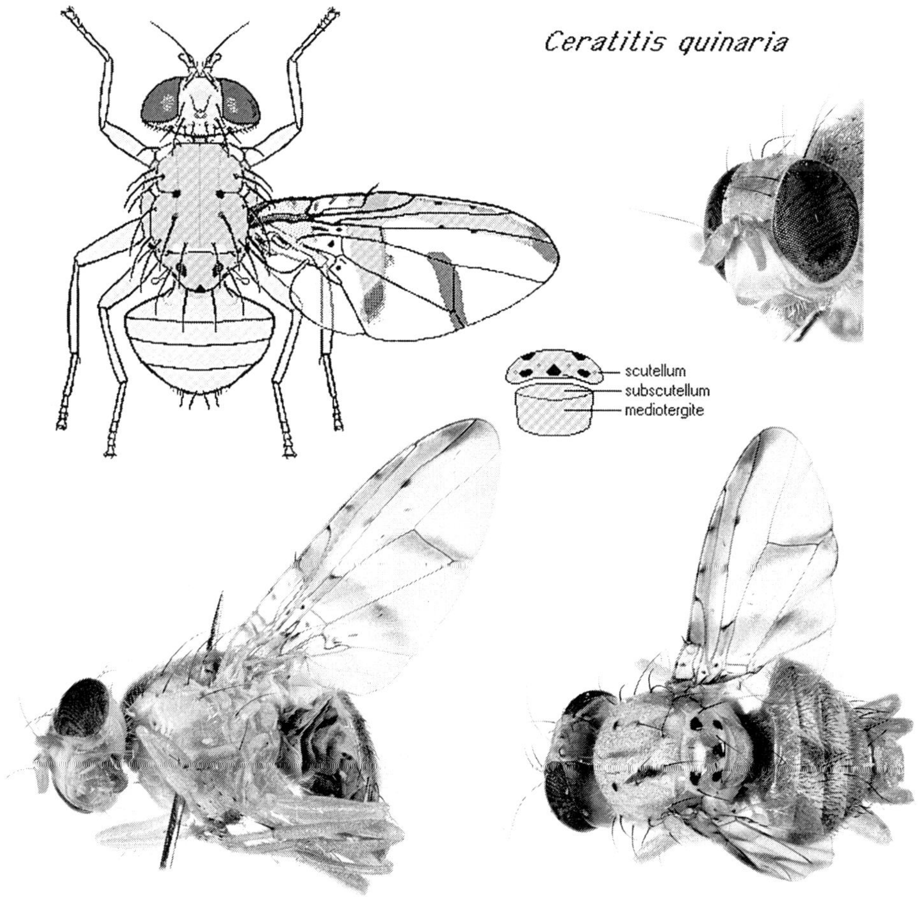

그림 50. 닷점박이과실파리(*Ceratitis quinaria*). Male drawing courtesy of Carroll et al., Pest fruit flies of the world, www.delta-intkey.com/ffa/index.htm (as of 2019/11). Female Photos by H.-Y. Han.

51. *Ceratitis* (*Ceratitis*) *capitata* (Wiedemann, 1824)

국명: 지중해과실파리

영명: Mediterranean fruit fly

아과/족: Dacinae: Ceratitidini

Tephritis capitata Wiedemann 1824: 55. – India orient., mare indico [probably Is. of Indian Ocean]. T♂ UZMC. Type data (Wiedemann 1830: 496, Zimsen 1954: 28.

Ceratitis citriperda MacLeay 1829: 482. – Azores. St. Michael [Sao Miguel]. Syntype ♂♀ MMS.

Ceratitis hispanica Breme 1842: 188. – Spain. Malaga: environs of Malaga. Syntype ♂♀ IMZ?

Pardalaspis asparagi Bezzi 1924: 480. – South Africa. Cape: East London. Holotype ♀ SANC.

검역해충 등급제안: 금지해충 제1급 2위 - **기존등급**: 금지해충

등급분류 근거: 북아프리카 원산이나 전 세계 많은 지역에 도입이 된 바 있는 매우 중요한 검역해충이다. 국내 작물로는 귤, 고추, 사과, 다양한 핵과류 등을 가해할 수 있다.

진단형질: 소형에서 중형의 *Ceratitis*로서 매우 다채로운 색상과 무늬를 지녀서 구분이 가능하다. 특히 수컷은 앞쪽 안센털의 끝부분이 주걱처럼 넓어져 있는 것이 특이하다. 암컷의 경우도 날개무늬가 황색 부분이 많은 것과 작은방패판의 끝부분이 흑색인 것으로 근연종들과 구분이 가능하다.

성충형질: 머리는 흑색의 뒤통수 부분을 제외하면 연한 황갈색이다. 이마센털과 안와센털은 각 2쌍이며 흑색이다. 수컷의 앞쪽 안와센털은 주걱모양으로 자루는 백색이며, 확장된 말단부는 흑색이다. 방패판은 반짝이는 흑색 바탕에 회갈색 분이 덮여있어 3개의 흑색 세로띠가 있는 것으로 보인다 - 중앙 띠는 전반부에서 끝나며, 1쌍의 측면 띠는 길게 3 부분으로 나뉜다. 작은방패판은 볼록하며 반짝이는 흑색에 기부에 가늘게 회갈색 분이 덮여있다. 가슴측판과 다리는 황갈색이다. 날개 패턴은 복잡하고 특이하며 중간과 말단부의 굵은 띠는 황색을 띤다. 복부의 길이와 너비가 비슷하며 2번 등판과 4번 등판의 말단부에 가늘게 회백색 분이 덮여있어 복부를 위쪽에서 보면 회백색 가로띠가 1쌍 보인다. 산란통은 황갈색 바탕에 말단 2/5 정도가 어두운 갈색이며, 제4~5등판 길이보다 약간 짧다.

숙주범위: 매우 다양한 과를 가해하는 심각한 다식성 해충 - Anacardiaceae, Annonaceae, Apocynaceae, Arecaceae, Cactaceae, Caricaceae, Clusiaceae, Combretaceae, Ebenaceae, Juglandaceae, Lauraceae, Lythraceae, Malpighiaceae, Malvaceae, Muntingiceae, Myrtaceae, Passifloraceae, Rosaceae, Rubiaceae, Rutaceae, Santalaceae, Sapindaceae, Sapotaceae, Solanaceae, Vitaceae.

가해 가능한 국내작물: 귤류, 고추, 사과, 복숭아 등 핵과류 등.

분포: 아프리카 원산이나, 지중해, 남부 유럽, 호주 서부, 중남미, 하와이 등지에 침입 및 정착한 바 있다.

유인제: Trimedlure/capilure, terpinyl acetate.

DNA 바코드: 2019년 10월 현재 BOLD 데이터베이스에 300개체 이상 입력되어 있다. 근연종 문제가 없는 것으로 사료되며, 동정 시 대부분의 개체들과 유전자 거리 0.5% 이내로 클러스터를 이루는지 확인하면 된다.

그림 51. 지중해과실파리(*Ceratitis capitata*)의 수컷(1~2줄) 및 암컷(아랫줄). 머리의 암수이형 주목. Photos by H.-Y. Han.

52. *Ceratitis* (*Pterandrus*) *rosa* Karsch, 1887

국명: 나탈과실파리

영명: Natal fruit fly

아과/족: Dacinae: Ceratitidini

Ceratitis rosa Karsch 1887: 22. − Mozambique. Delagoa Bay. HT ♂ ZMHU.

Pterandrus rosa var. *fasciventris* Bezzi 1920: 228. − Uganda. Entebbe. ST ♂♀ BMNH.

Pterandrus flavotibialis Hering 1935: 158. − Zaire. Kivu: Rutshura [Rutshuru]. ST ♂♀ BMNH. ZSZMH ST destroyed.

검역해충 등급제안: 금지해충 제1급 20위 - **기존등급**: 금지해충

등급분류 근거: 아프리카에 분포한다. 19개 과의 다양한 숙주식물을 가지는 다식성 해충이나 같은 속의 지중해과실파리 만큼 적응성이 뛰어나지는 않다. 국내 작물로는 귤류, 복숭아 등을 가해할 수 있다.

진단형질: 이 종은 독특한 날개무늬, 작은방패판 뒤 쪽에 3개의 검정 부분이 있으며, 수컷의 가운뎃다리 종아리마디에 검정 깃이 있는 점으로 쉽게 구분할 수 있다.

성충형질: 몸의 바탕색이 황갈색이다. 이마센털과 안와센털은 각 2쌍이며 흑갈색이다. 방패판은 회색 가루가 짙게 덮여있는 것으로 보이며, 횡단봉합선이 끝나는 부분에 1쌍의 작은 흑갈색 점이 있으며, 작은방패판 앞부분에도 1쌍의 큰 흑갈색 점이 있다. 작은방패판은 볼록하며 반짝이는 황색 바탕에 뒤쪽으로 3개의 흑색 점이 그림에서와 같이 배열되어 있다. 가슴측판과 다리는 연한 황갈색이며, 수컷의 가운뎃다리 종아리마디에 검정 깃이 그림과 같이 배열되어 있다. 날개 패턴은 전단부의 황색 가로띠와 기부의 세로띠가 떨어져 있으며, 추가적으로 DM-Cu맥을 따라 굵은 갈색띠가 있다. 복부의 길이와 너비가 비슷하며, 황갈색 바탕에 등판 3에 넓은 1쌍의 가로띠가 있거나, 전체적으로 연결된 긴 가로띠가 있다. 산란통의 색깔도 황갈색이다.

유충형질: Pest fruit flies of the world, www.delta-intkey.com/ffa/index.htm 참조.

숙주범위: Anacardiaceae, Annonaceae, Apocynaceae, Caricaceae, Clusiaceae, Combretaceae, Lauraceae, Malvaceae, Moraceae, Myrtaceae, Oxalidaceae, Rhamnaceae, Rosaceae, Rubiaceae, Rutaceae, Sapindaceae, Sapotaceae, Solanaceae,, Vitaceae.

가해 가능한 국내작물: 귤류, 복숭아 등. 다식성 해충이므로 다른 작물들도 가해할 수 있다.

분포: 아프리카에 광범위하게 분포.

유인제: Trimedlure, terpinyl acetate.

DNA 바코드: 2019년 10월 현재 BOLD 데이터베이스에 64개의 바코드가 입력되어 있다. *Ceratitis rosa*의 바코드는 근연종인 *C. fasciventris* 및 *C. anonae*와 구분되지 않는다.

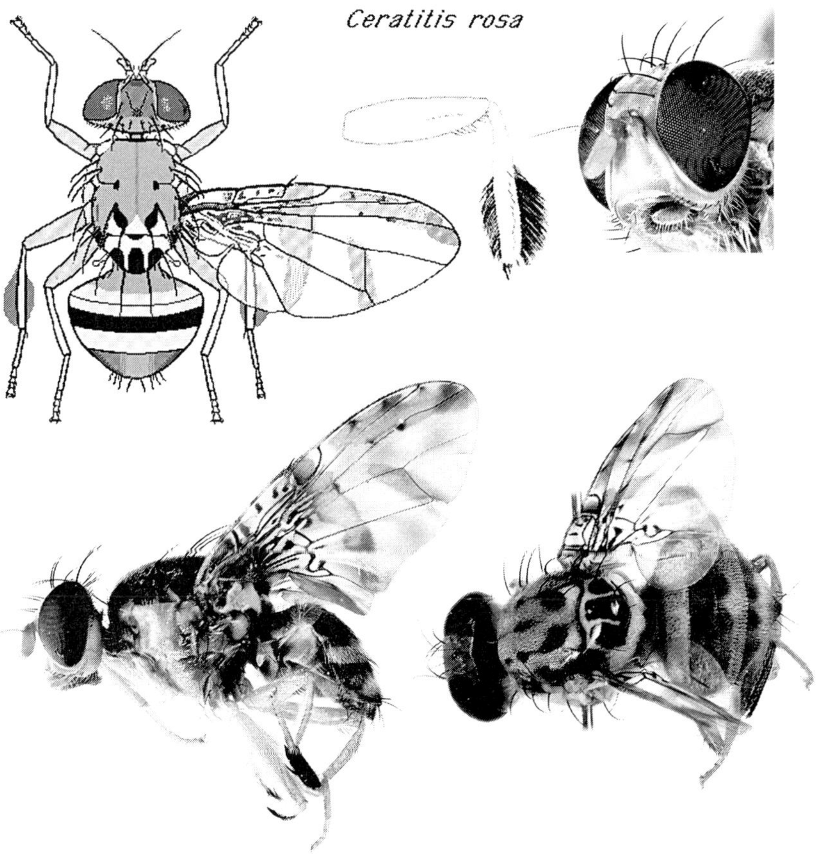

그림 52. 나탈과실파리(*Ceratitis rosa*) 수컷. Color llustration courtesy of Carroll et al., Pest fruit flies of the world, www.delta-intkey.com/ffa/index.htm (as of 2019/11). Photos by H.-Y. Han.

53. *Anastrepha fraterculus* (Wiedemann, 1830)

국명: 남미과실파리
영명: South American fruit fly
아과/족: Trypetinae: Toxotrypanini

Dacus fraterculus Wiedemann 1830: 524. – Brazil. LT ♂ NMW. Lectotype designation by inference of holotype byGreene 1934: 165 (also see Loew 1873: 223, 336, Stone 1942: 79).
Tephritis mellea Walker 1837: 358. – Brazil. St. Paul's [Sao Paulo]. LT ♀ BMNH. Lectotype designation by inference of holotype by Foote 1964: 322.
Trypeta unicolor Loew 1862: 70. – New Grenada [Colombia or Venezuela]. LT ♂ MCZ. Lectotype designation by inference of holotype by Greene 1934: 165.
Anthomyia frutalis Weyenbergh 1874: 165. – Argentina. Cordoba. T A destroyed?. Type data (Horn & Kahle 1937: 301).
Anastrepha fraterculus var. *soluta* Bezzi 1909: 284. – Brazil. Sao Paulo. ST ♂♀ MCSNM?

Anastrepha peruviana Townsend 1913: 345. — Peru. Lima: Chosica, 2800 ft. HT ♀ USNM.
Anastrepha braziliensis Greene 1934: 154. — Brazil. Minas Gerais: Vicosa. HT ♀ USNM. Type data (Stone 1942: 79).
Anastrepha costarukmanii Capoor 1954: 214. — Brazil. Minas Gerais: Itajuba. HT ♀ IOC.
Anastrepha scholae Capoor 1955: 27. — Brazil. Bahia: Agua Preta. LT ♀ IOC. Lectotype designated by Zucchi 1981: 290.
Anastrepha pseudofraterculus Capoor 1955: 28. — Brazil. Rio de Janeiro: Itatiaia. LT ♀ IOC. Lectotype designated by Zucchi 1981: 290.
Anastrepha lambayecae Korytkowski & Ojeda 1968: 63. — Peru. Lambayeque: Chiclayo, Chumbenique, 255 m. HT ♂ UPRG.
Anastrepha fraterculus var. *intensa* Blanchard 1941: 60. — Nomen nudum.
Anastrepha fraterculus var. *retracta* Hayward 1941: 95. — Nomen nudum. Attributed to Blanchard.
Anastrepha fraterculus f. *acidusiformis* Rosillo 1953: 101. — Nomen nudum. Attributed to Blanchard.
Anastrepha fraterculus "variacion" *intermissa* Blanchard 1961: 319. — Nomen nudum. not stated [Argentina]. T A IPV. Form or variety proposed after 1960.
Anastrepha fraterculus "variacion" *intensa* Blanchard 1961: 319. — Nomen nudum. not stated [Argentina]. T A IPV. Form or variety proposed after 1960.
Anastrepha fraterculus "variacion" *retracta* Blanchard 1961: 319. — Nomen nudum. not stated [Argentina]. T A IPV. Form or variety proposed after 1960.
Anastrepha fraterculus "variacion" *ethaleiforme* Blanchard 1961: 320. — Nomen nudum. not stated [Argentina]. T A IPV. Form or variety proposed after 1960.
Anastrepha fraterculus "variacion" *tipica* Blanchard 1961: 319. — Nomen nudum. not stated [Argentina]. T A IPV. Form or variety proposed after 1960.
Anastrepha fraterculus "variacion" *acidusaeformis* Blanchard 1961: 320. — Nomen nudum. not stated [Argentina]. T A IPV. Form or variety proposed after 1960.
Anastrepha fraterculus "variacion" *subtipica* Blanchard 1961: 320. — Nomen nudum. not stated [Argentina]. T A IPV. Form or variety proposed after 1960.
Anastrepha costa-rukmanii Capoor 1954: 214. — incosp. costarukmanii Capoor. Automatic correction under Art. 32(d).
Anastrepha costa-bukmanii Capoor 1954: 214. — incosp. costarukmanii Capoor. Automatic correction under Art. 32(d).
Anastrepha pseudo-fraterculus Capoor 1955: 28. — incosp. pseudofraterculus Capoor. Automatic correction under Art. 32(d).
Anastrepha peruana Rosillo 1953: 101. — missp. peruviana Townsend.
Anastrepha costaruckmanii Foote 1967: 9. — missp. costarukmanii Capoor.
Anastrepha fratelculus Dirlbek & Dirlbekova 1973: 128. — missp. fraterculus Wiedemann.
Anastrepha distans: Greene 1934: 149. — misid. See Stone 1942: 79.
Anastrepha suspensa: Lima 1934: 501. — misid. See Stone 1942: 79.
Anastrepha distans: Greene 1934: 149. — misid. See Stone 1942: 79.
Anastrepha suspensa: Korytkowski & Ojeda 1968: 65. — misid.

검역해충 등급제안: 금지해충 제1급 15위 - **기존등급:** 금지해충
등급분류 근거: 미국 남부와 중남미에서 다양한 식물을 가해하는 다식성 해충이며, 국내 작물로는 귤, 체리, 복숭아 등을 가해할 수 있다.
진단형질: 이 종은 아직 종문제가 해결되지 않았으며, 복수의 잠재종을 포함하고 있을 것으로 생각된다(Plant Health Australia, 2016). 외형적으로는 *A. obliqua* 및 *A. suspensa*와 유사하며, 특히 *A. obliqua*와 매우 비슷하다. 일반적으로는 산란관이 약간 더 길며, 하소순판(subscutellum)의 양 옆이 어두운 색을 띠는 점으로 *A. obliqua*와 구분한다.
성충형질: 머리는 황갈색에 4-5쌍의 이마센털과 2쌍의 안와센털을 지니며, 홑눈센털은 매우 짧다. 방패판은 황갈색 바탕에 중앙부에 가늘며 뒤쪽에서 넓어지는 백색

세로띠가 있으며, 횡단봉합선(transverse suture) 이후 측면을 따라 1쌍의 가는 백색띠가 작은방패판까지 연결된다. 어깨돌기와 작은방패판은 백색이다. 작은방패밑판(subscutellum)의 양 옆이 어두운 색을 띠는 세로 띠가 있다. 날개에는 전형적인 갈색에서 황갈색의 *Anastrepha* 패턴이 있으며 V-띠가 S-띠에 연결되지 않는다. 복부는 황갈색이며 암컷 산란통은 앞쪽 복부 전체 길이의 4/5 정도이다.

유충형질: White & Elson-Harris (1992) 135쪽, Pest fruit flies of the world, www.delta-intkey.com/ffa/index.htm 참조.

숙주범위: 다음 19개 식물과의 다양한 숙주를 가해하는 다식성 해충 - Actinidiaceae, Anacardiaceae, Annonaceae, Combretaceae, Ebenaceae, Fabaceae, Juglandaceae, Lauraceae, Lythraceae, Malvaceae, Moraceae, Myrtaceae, Oleaceae, Oxalidaceae, Rosaceae, Rubiaceae, Rutaceae, Sapotaceae, Vitaceae.

가해 가능한 국내작물: 귤, 체리, 복숭아 등. 다식성 해충이므로 다른 작물들도 가해할 수 있다.

분포: 미국남부(남부 텍사스)에서 중남미를 걸쳐 아르헨티나 북부까지 광범위하게 분포.

유인제: 암모니아 트랩에 약하게 유인될 수 있음.

DNA 바코드: 2019년 10월 현재 BOLD 데이터베이스에 150개 이상의 바코드가 입력되어 있다. 바코드로 근연종인 *A. distincta, A. obliqua* 또는 *A. suspensa*와 구분할 수 없다. 또 다른 근연종인 *A. ludens*는 독립적인 클러스터를 이루므로 구분된다. DNA 바코드 보다 좀 더 민감한 유전자 표지를 사용하여야 하며, 근연종들과의 종 문제의 해결이 이루어져야 할 것으로 본다.

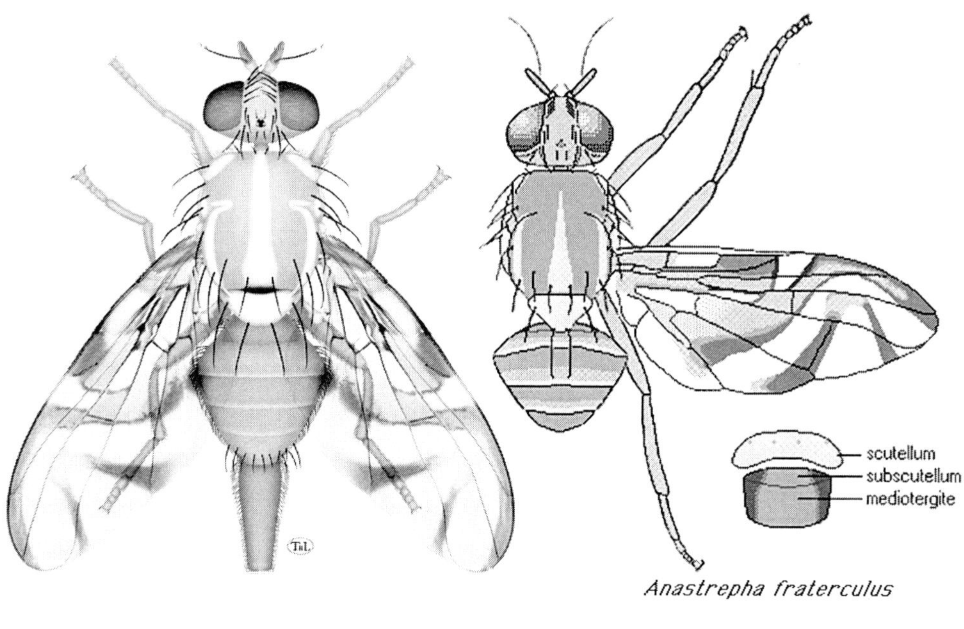

그림 53. 남미과실파리(*Anastrepha fraterculus*) 암컷 및 수컷. Drawings courtesy of Norrbom et al., *Anastrepha* & *Toxotrypana*, https://www.delta-intkey.com/anatox/index.htm (as of 2019/11).

54. *Anastrepha grandis* (Macquart, 1846)

국명: 남미호박과실파리(신칭)

영명: South American cucurbit fruit fly

아과/족: Trypetinae: Toxotrypanini

Tephritis grandis Macquart 1846: 340. — Nouvelle-Grenade [Colombia or Venezuela]. LT ♀ UMO. Lectotype designated by Norrbom 1991: 119.

Anastrepha schineri Hendel 1914: 69. — Bolivia. T ♂ MNM.

Anastrepha latifasciata Hering 1935: 227. — Brazil. Santa Catarina. HT ♀ PAN.

Anastrepha schineri Hendel 1914: 19. — Bolivia. La Paz: Coroica [Coroico]. HT ♂ MNM. Preocc. Hendel 1914: 69.

검역해충 등급제안: 관리해충 - **기존등급**: 금지

등급분류 근거: 이 종은 현재 금지해충으로 지정되어 있으나, 해충성과 제한된 분포범위로 볼 때, 관리급으로 격하할 필요가 있다. 남미에서 박과식물을 가해하며 분포도 비교적 제한된 편이나, 도입 시 제주도의 박과식물을 가해할 가능성이 없지 않다.

진단형질: 매우 긴 암컷의 산란통과, 전체적으로 황색을 띠는 점, 특히 날개 전단부의 황갈색 무늬가 전부 넓게 가로로 연결되어 있는 것이 특징이다. DNA 바코드로도 다른 종들과 구분된다.

성충형질: 머리는 황갈색이며 4쌍의 이마센털과 2쌍의 안와센털을 지니며, 홑눈센털은 안와센털의 반이 되지 않는다. 방패판은 황갈색 바탕에 중앙부에 가늘며 뒤쪽에서 넓어지는 백색 세로띠가 있으며, 횡단봉합선(transverse suture) 이후 측면을 따라 1쌍의 백색띠가 작은방패판에 연결된다. 또한 어깨돌기 뒤쪽으로 흑갈색띠가 이어지며 이는 횡단봉합선 주면에서 사라졌다가 다시 작은방패판 앞쪽까지 길게 이어져 끝난다. 어깨돌기와 작은방패판은 백색이며, 작은방패판과 방패판 사이 중앙에 흑갈색 점이 있다. 일반적으로 날개날개 전단부의 황갈색 무늬가 전부 1자로 연결되어 있다. 또한 V-띠는 형성되지 않으며 DM-Cu맥 주변에만 황갈색 무늬가 있고 S-띠에 연결되어있지 않다. 복부는 전체적으로 황갈색이며, 암컷 산란통은 앞쪽 복부 길이의 1.5배 이상으로 매우 길다.

유충형질: Pest fruit flies of the world, www.delta-intkey.com/ffa/index.htm 참조.

숙주범위: 박과(Cucurbitaceae)와 도금양과(Myrtaceae) 식물을 가해.

가해 가능한 국내작물: 국내에서는 제주도의 박과식물을 가해할 수 있다.

분포: 베네주엘라, 브라질, 아르헨티나에 걸쳐 분포하며 타 지역으로 침입한 기록은 없다.

유인제: 알려지지 않음.

DNA 바코드: 2019년 10월 현재 BOLD 데이터베이스에 10개의 바코드가 입력되어 있다. 이들은 계통분석 시 단일 클러스터를 이루며, 바코드로 다른 종들과 쉽게 구분되며 바코드 거리가 0.5% 이내로 일치하는 개체들의 동정이 확실하다.

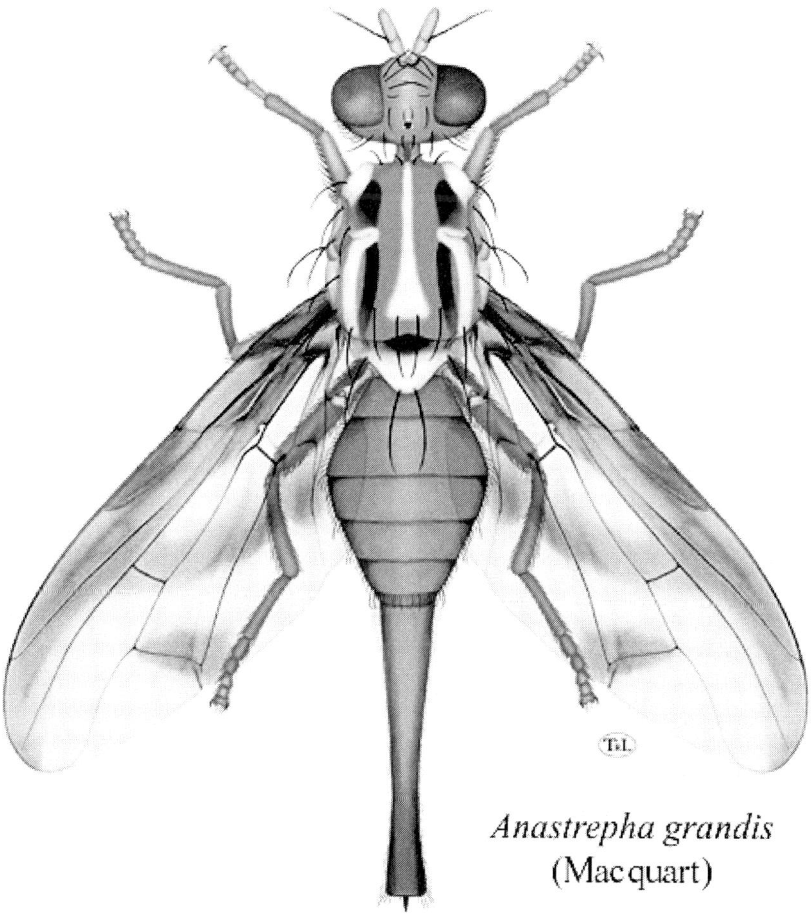

그림 54. 남미호박과실파리(*Anastrepha grandis*) 암컷. Drawing courtesy of Norrbom et al., *Anastrepha* & *Toxotrypana*, https://www.delta-intkey.com/anatox/index.htm (as of 2019/11).

55. *Anastrepha ludens* (Loew, 1873)

국명: 멕시코과실파리

영명: Mexican fruit fly

아과/족: Trypetinae: Toxotrypanini

Trypeta ludens Loew 1873: 223. – Mexico. Lectotype♂ NMW. Lectotype designated by Foote, Blanc & Norrbom 1993: 98.

Anastrepha lathana Stone 1942: 105. – Mexico. Morelos: Cuernavaca. Holotype ♀ USNM.

검역해충 등급제안: 금지해충 제1급 17위 - **기존등급**: 금지해충

등급분류 근거: 남미에서 미국의 텍사스 주까지 분포한다. 다양한 식물을 가해하는 다식성 해충이며, 국내 작물로는 귤, 복숭아 등을 가해할 수 있다.

진단형질: 이 종은 매우 긴 암컷의 산란통과, 전체적으로 황색을 띠는 점, 날개무늬 등으로 다른 종들과 쉽게 구분이 된다. DNA 바코드로도 다른 종들과 구분된다.

성충형질: 머리는 황갈색이며 4쌍의 이마센털과 2쌍의 안와센털을 지니며, 홑눈센털은 안와센털의 반이 되지 않는다. 방패판은 황갈색 바탕에 중앙부에 가늘며 뒤쪽에서 넓어지는 황색 세로띠가 있으며, 횡단봉합선(transverse suture) 이후 측면을 따라 1쌍의 가는 황색 띠가 작은방패판에 연결된다. 어깨돌기와 작은방패판은 황색이다. 일반적으로 작은방패밑판에 1쌍의 흑색 점이 있다. 일반적으로 날개의 V-띠는 앞쪽으로는 희미해 지며, S-띠에 연결되어있지 않다. 복부는 전체적으로 황갈색이며, 암컷 산란통은 앞쪽 복부 길이의 1.5배 정도 된다.

유충형질: White & Elson-Harris (1992) 141쪽 참조.

숙주범위: 다양한 과를 가해하는 다식성 해충 - Anacardiaceae, Annonaceae, Caricaceae, Clusiaceae, Ebenaceae, Lauraceae, Lythraceae, Myrtaceae, Passifloraceae, Rosaceae, Rubiaceae, Rutaceae, Sapotaceae (상세한 숙주목록은 www.cabi.org 참조할 것).

가해 가능한 국내작물: 귤류, 복숭아 등. 다식성 해충이므로 다른 작물들도 가해할 수 있다.

분포: 미국(남부 텍사스)에서 멕시코 및 코스타리카까지 분포.

유인제: 알려지지 않음.

DNA 바코드: 2019년 10월 현재 BOLD 데이터베이스에 87개의 바코드가 입력되어 있다. 이들은 바코드 계통분석 시 단일 클러스터를 이루며, 바코드 거리가 0.5% 이내로 일치하는 개체들의 동정이 확실한 것으로 사료되며, 근연종인 *A. fraterculus, A. distincta, A. obliqua*또는 *A. suspensa*와 구분된다.

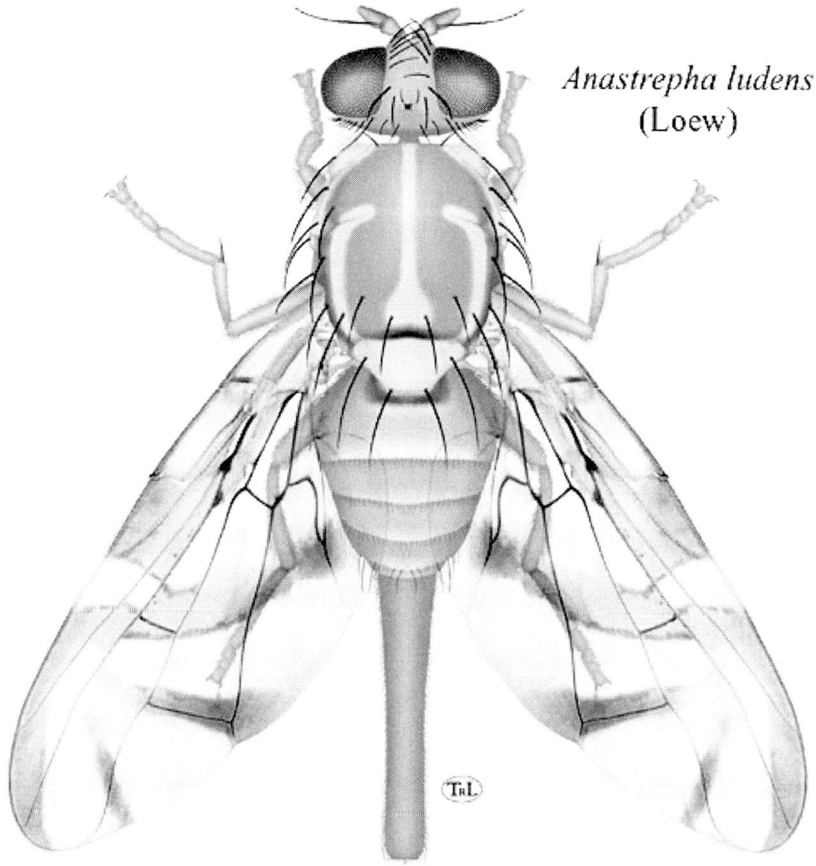

그림 55. 멕시코과실파리(*Anastrepha ludens*)의 암컷 및 날개.
Drawing courtesy of Norrbom et al., *Anastrepha* & *Toxotrypana*, https://www.delta-intkey.com/anatox/index.htm (as of 2019/11).

56. *Anastrepha obliqua* (Macquart, 1835)

국명: 서인도제도과실파리(신칭)

영명: West Indian fruit fly

아과/족: Trypetinae: Toxotrypanini

Tephritis obliqua Macquart 1835: 464. – Cuba. Lectotype ♀ MNHNP. Lectotype designation by inference of holotype by Steyskal 1975: 357.

Anastrepha fraterculus var. *mombinpraeoptans* Sein 1933: 187. – Puerto Rico. Rio Piedras. Holotype ♀ USNM.

Anastrepha fraterculus var. *ligata* Lima 1934: 552. – Brazil. Rio de Janeiro. Syntype ♂♀ CPARJ ♂.

Anastrepha trinidadensis Greene 1934: 161. – Trinidad. Tabaquite. Holotype ♀ USNM. Type data (Stone 1942: 69).

Anastrepha fraterculus var. *mombinpraeoptera* Phillips 1946: 106. – missp. mombinpraeoptans Sein.

Anastrepha mombimpreoptans Mena 1965: 13. – missp. mombinpraeoptans Sein.

Anastrepha ethalea: Greene 1934: 161. – misid. See Stone 1942: 68.

Anastrepha acidusa: Greene 1934: 162. – misid. See Stone 1942: 68.

검역해충 등급제안: 금지해충 제2급 36위 - **기존등급**: 금지해충

등급분류 근거: 중남미에서는 망고나 구아바를 주로 가해하는 비교적 경미한 해충으로 알려져 있으나, 그 외에도 다양한 숙주식물의 기록이 있다. 다식성 해충이므로 검역적으로 주의할 필요가 있다.

진단형질: 이 종은 외형적으로 *A. fraterculus* 및 *A. suspensa*와 유사하다. 그러나 이 종의 산란관 말단부 양 옆의 톱니가 다른 종들 보다 훨씬 많은 점으로 구분된다. 또한 방패판과 작은방패판 사이와, 작은방패밑판에 흑색 점이 없는 것으로도 구분할 수 있다.

성충형질: 머리는 황갈색이며 4쌍의 이마센털과 2쌍의 안와센털을 지니며, 홑눈센털은 매우 짧다. 방패판은 황갈색 바탕에 중앙부에 가늘며 뒤쪽에서 넓어지는 백색 세로띠가 있으며, 횡단봉합선(transverse suture) 이후 측면을 따라 1쌍의 가는 백색띠가 작은방패판에 연결된다. 어깨돌기와 작은방패판은 백색이다. 날개에는 전형적인 갈색에서 황갈색의 *Anastrepha* 패턴이 있으며 V-띠가 가늘게 S-띠에 연결되어 있다. 복부는 황갈색이며 암컷 산란통은 앞쪽 복부 길이의 2/3 정도이다.

유충형질: Pest fruit flies of the world, www.delta-intkey.com/ffa/index.htm 참조.

숙주범위: 구아바의 비교적 경미한 해충으로 알려져 있으며, 다양한 과의 식물들을 가해한 기록이 있는 다식성 해충 - Anacardiaceae, Ebenaceae, Malpighiaceae, Moraceae, Myrtaceae, Oxalidaceae, Passifloraceae, Rosaceae, Rubiaceae, Rutaceae, Sapotaceae.

가해 가능한 국내작물: 국내 노지재배작물의 해충으로 알려져 있지는 않으나, 다식성 해충이므로 주의할 필요가 있다.

분포: 베네주엘라, 트리니다드, 브라질, 페루.

유인제: 알려지지 않음.

DNA 바코드: 2019년 10월 현재 BOLD 데이터베이스에 135 개의 바코드가 입력되어 있다. 그러나 이들은 *A. fraterculus, A. distincta, A. obliqua, A. suspensa*의 바코드 염기서열과 구분이 되지 않는다. 또 다른 근연종인 *A. ludens*는 독립적인 클러스터를 이루므로 분리된다. 바코드보다 좀 더 민감한 유전자 표지를 사용하여야 하며, 근연종들과의 종 문제의 해결이 이루어져야 할 것으로 본다.

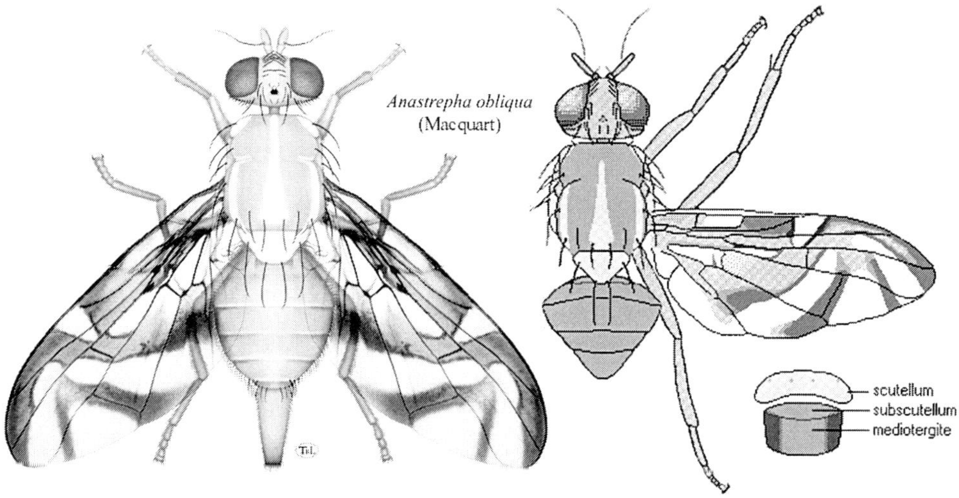

그림 56. 서인도제도과실파리(*Anastrepha obliqua*)의 암컷 및 수컷. Drawings courtesy of Norrbom et al., *Anastrepha* & *Toxotrypana*, https://www.delta-intkey.com/anatox/index.htm (as of 2019/11).

57. *Anastrepha serpentina* (Wiedemann, 1830)

국명: 사포테과실파리

영명: Sapote fruit fly

아과/족: Trypetinae: Toxotrypanini

Dacus serpentinus Wiedemann 1830: 521. – Brazil. T♀ NMW. Type data (Loew 1873: 227).
Urophora vittithorax Macquart 1851: 259. –“l'Indie” [error, neotropical]. T♀ UMO.

검역해충 등급제안: 금지해충 제2급 37위 - **기존등급**: 금지해충

등급분류 근거: 미국 남부에서 중남미까지 분포하며, 국내 작물로는 귤류를 가해할 가능성이 있다. 일반적으로 심각한 해충으로는 취급되지는 않으나, 다식성 해충이므로 검역적으로 주의할 필요가 있다.

진단형질: 이 종은 전형적인 *Anastrepa*속의 날개무늬를 갖고 있으나, 무늬 자체가 매우 어두운 색인 점과 특이한 방패판과 배 등판의 무늬로 다른 종들과 쉽게 구분할 수 있다.

성충형질: 머리는 황갈색이며 4쌍의 이마센털과 2쌍의 안와센털을 지닌다. 홑눈센털은 매우 짧다. 방패판은 흑갈색 바탕에 중앙에 가늘며 뒤쪽에서 확연히 넓어지는 백색 세로띠가 있으며, 이 가로띠의 가는 부분 양 옆으로는 넓은 갈색 테두리가 있다. 횡단봉합선(transverse suture) 이후 측면을 따라 1쌍의 백색 가로띠가 작은방패판 측면과 연결된다. 작은방패판은 흑갈색 기부 1/3 정도를 제외하고 백색이다. 복부는 흑갈색 바탕에 2번 등판 말단부에 넓은 백색 가로띠가 있으며, 3-5번 등판의 넓은 세로띠들과 연결되어 백색 버섯 무늬를 형성한다. 암컷 산란통은 앞쪽 복부의 길이보다 약간 더 길다.

유충형질: White & Elson-Harris (1992) 152쪽 참조.

숙주범위: 다음 8개 과를 가해한 기록이 있다 - Annonaceae, Clusiaceae, Lauraceae, Myrtaceae, Rosaceae, Rutaceae, Sapotaceae (상세한 숙주목록은 www.cabi.org 참조할 것).

가해 가능한 국내작물: 귤류 등. 다식성 해충이므로 다른 작물들도 가해할 수 있다.

분포: 미국(남부 텍사스), 멕시코 북부에서 페루 및 아르헨티나 북부까지 분포.

유인제: 알려지지 않음.

DNA 바코드: 2019년 10월 현재 BOLD 데이터베이스에 26개의 바코드가 입력되어 있다. 이들은 계통분석 시 단일 클러스터를 이루며, 1%이내로 바코드 거리가 일치하면 안심하고 동정할 수 있다.

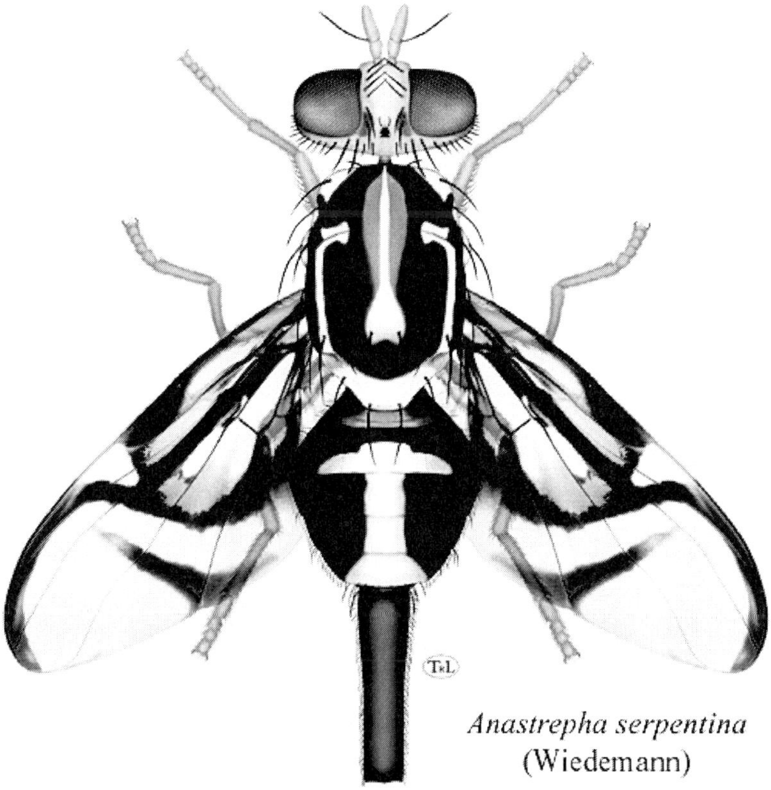

그림 57. 사포테과실파리(*Anastrepha serpentina*)의 암컷 및 날개. Drawing courtesy of Norrbom et al., *Anastrepha* & *Toxotrypana*, https://www.delta-intkey.com/anatox/index.htm (as of 2019/11).

58. *Anastrepha striata* Shiner, 1868

국명: 신세계구아바과실파리(신칭)

영명: Guava fruit fly

아과/족: Trypetinae: Toxotrypanini

Anastrepha striata Schiner 1868: 264. — South America [Venezuela]. LT/NMW.Suspension of I.C.Z.N. rules required to validate usage. Lectotype designation by inference of holotype by Hardy 1968: 136.

Dictya cancellaria Fabricius 1805: 328. — America meridionali [Guyana]. T A UZMC. In interest of stability, the authors reject this valid prior name. Type data (Zimsen 1964: 494). N. Syn. of *Anastrepha striata* Schiner (Norrbom et al. 1999: 82).

검역해충 등급제안: 금지해충 제3급 57위 - **기존등급**: 금지해충

등급분류 근거: 중남미에서는 구아바의 해충으로 알려져 있으며, 그 외에도 다양한 식물을 가해한 기록이 있다. 한국의 노지재배되는 식물종을 가해한 기록은 없으나 다식성 해충이므로 가해할 수 있다.

진단형질: 이 종은 방패판에 명확한 흑갈색 무늬(어깨돌기 뒤쪽의 넓은 반점 + 횡단봉합선 이후 U자형의 넓은 띠)로 쉽게 구분될 수 있다.

성충형질: 머리는 황갈색이며 4쌍의 이마센털과 2쌍의 안와센털을 지니며, 홑눈센털은 매우 짧다. 방패판은 황갈색 바탕에 중앙부에 가늘며 뒤쪽에서 넓어지는 백색 세로띠가 있으며, 횡단봉합선 이후 측면을 따라 1쌍의 가는 백색띠가 있다. 어깨돌기와 작은방패판은 백색이다. 또한 어깨돌기 뒤쪽에 넓은 흑갈색 반점과 횡단봉합선 이후 U자형의 넓은 띠가 있어 근연종들과 쉽게 구분된다. 날개에는 전형적인 갈색에서 황갈색의 *Anastrepha* 패턴이 있으며 V-띠가 S-띠에 연결되어 있지 않다. 복부는 황갈색이며 암컷 산란통은 갈색이며 앞쪽 복부 길이와 비슷하다.

유충형질: White & Elson-Harris (1992) 157쪽, Pest fruit flies of the world, www.delta-intkey.com/ffa/index.htm 참조.

숙주범위: 남미에서 주로 구아바의 해충으로 알려져 있으나 다음 과들의 다양한 숙주를 가해하는 다식성 해충이다 - Anacardiaceae, Annonaceae, Combretaceae, Ebenaceae, Euphorbiaceae, Lauraceae, Myrtaceae, Rosaceae, Rutaceae, Sapotaceae

가해 가능한 국내작물: 다식성 해충이므로 주의할 필요가 있다.

분포: 미국 나무(텍사스 남부)에서 멕시코, 중미를 거쳐 페루, 볼리비아, 브라질까지 분포.

유인제: 암모니아 트랩에 약하게 유인될 수 있음.

DNA 바코드: 2019년 10월 현재 BOLD 데이터베이스에 33개체를 찾을 수 있다. 이들은 계통분석 시 단일 클러스터를 이루며, 0.5% 이내로 바코드 거리가 일치하는 개체들의 동정이 확실하다.

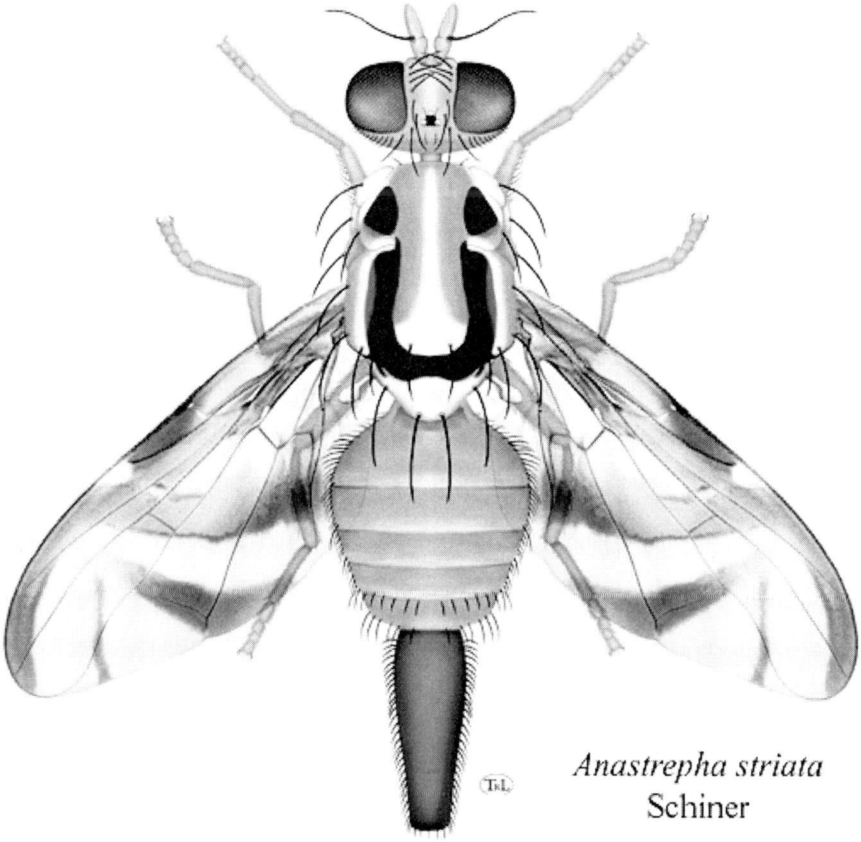

그림 58. 신세계구아바과실파리(*Anastrepha striata*) 암컷. Drawing courtesy of Norrbom et al., *Anastrepha* & *Toxotrypana*, https://www.delta-intkey.com/anatox/index.htm (as of 2019/11).

59. *Anastrepha suspensa* (Loew, 1862)

국명: 카리브해과실파리

영명: Caribbean fruit fly

아과/족: Trypetinae: Toxotrypanini

Trypeta suspensa Loew 1862: 69. – Cuba. Lectotype ♂ MCZ. Lectotype designation by inference of holotype by Greene 1934: 148.

Anastrepha unipuncta Sein 1933: 190. – Puerto Rico. Rio Piedras. Holotype ♀ USNM.

Anastrepha longimacula Greene 1934: 146. – Jamaica. Hope [Botanical Gardens, Kingston]. Holotype ♀ USNM.

검역해충 등급제안: 금지해충 제1급 14위급 - **기존등급**: 금지해충

등급분류 근거: 카리브해의 섬들에 분포하며, 미국 플로리다까지 도입된 바 있다. 다양한 작물을 가해하는 다식성 해충이며, 국내 작물로는 복숭아를 가해할 수 있다.

진단형질: 이 종은 외형적으로 *A. fraterculus* 및 *A. obliqua*와 유사하여 구분이 힘들다. 그러나 방패판과 작은방패판 사이에 중앙으로 흑색 점이 있는 것으로 구분할 수 있다. *A. fraterculus*도 간혹 이 점이 나타나지만 크기가 작은 것으로 구분할 수 있다.

성충형질: 머리는 황갈색이며 4쌍의 이마센털과 2쌍의 안와센털을 지니며, 홑눈센털은 매우 짧다. 방패판은 황갈색 바탕에 중앙에 가늘며 뒤쪽에서 넓어지는 백색 세로띠가 있으며, 방패판은 황갈색 바탕에 중앙부에 가늘며 뒤쪽에서 넓어지는 백색 세로띠가 있으며, 횡단봉합선(transverse suture) 이후 측면을 따라 1쌍의 가는 백색띠가 작은방패판에 연결된다. 어깨돌기와 작은방패판은 백색이나 방패판과 작은방패판 사이에 중앙으로 작은 흑색 점이 있다. 날개에는 전형적인 갈색에서 황갈색의 Anastrepha 패턴이 있으며 V-띠가 가늘게 S-띠에 연결되어 있다. 복수는 황갈색이며 암컷 산란통은 앞쪽 복부 길이의 3/4 정도이며 말단부가 흑갈색이다.

유충형질: Pest fruit flies of the world, www.delta-intkey.com/ffa/index.htm 참조.

숙주범위: 중남미에서 cherimoya, 귤류, Surinam cherry, 복숭아, guava, rose apple 등의 중요한 해충으로 알려져 있으며, 다음의 다양한 과들을 가해한 기록이 있는 다식성 해충 - Actinidiaceae, Anacardiaceae, Annonaceae, Combretaceae, Ebenaceae, Fabaceae, Juglandaceae, Lauraceae, Lythraceae, Malvaceae, Moraceae, Myrtaceae, Oleaceae, Oxalidaceae, Rosaceae, Rubiaceae, Rutaceae, Sapotaceae, Vitaceae.

가해 가능한 국내작물: 귤, 복숭아 등. 다식성 해충이므로 다른 작물들도 가해할 수 있다.

분포: 미국 남부에서 아르헨티나 북부까지 분포하며 갈라파고스 군도에 도입되었다.

유인제: 알려지지 않음.

DNA 바코드: 2019년 10월 현재 BOLD 데이터베이스에 128 개의 바코드가 입력되어 있다. 그러나 이들은 *A. fraterculus, A. distincta, A. obliqua*의 바코드 염기서열과 구분이 되지 않는다. 또 다른 근연종인 *A. ludens*는 독립적인 클러스터를 이루므로 분리된다. 바코드보다 좀 더 민감한 유전자 표지를 사용하여야 하며, 근연종들과의 종 문제의 해결이 이루어져야 할 것으로 본다.

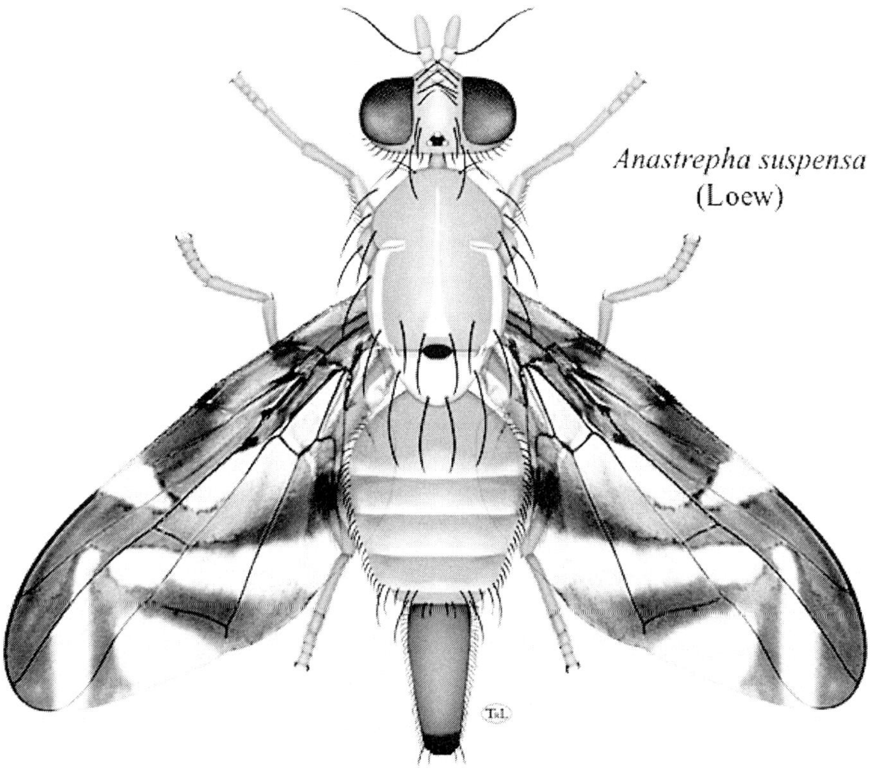

그림 59. 카리브해과실파리(*Anastrepha suspensa*)의 암컷. Drawing courtesy of Norrbom et al., *Anastrepha* & *Toxotrypana*, https://www.delta-intkey.com/anatox/index.htm (as of 2019/11).

60. *Carpomya pardalina* Bigot, 1891

국명: 러시아참외과실파리

영명: Russian Melon flies

아과/족: Trypetinae: Carpomyini

Carpomyia pardalina Bigot 1891: 51. – Beloutchistan [Iran or Pakistan. Baluchistan]. ST ♂♀ UMO.

Carpomyia caucasica Zaitzev 1919: 64. – East Transcaucasia [Azerbaijan?], Dzhevanshir region, Areshsk territory, Elisavetn region & North Mugan. ST ♂♀ ZIL?

Myiopardalis carpalina Fletcher 1920: 45. – missp. *pardalina* Bigot.

검역해충 등급제안: 금지해충 제1급 19위 - **기존등급**: 금지해충

등급분류 근거: 이집트와 코카서스지방에서 인도 서부까지 분포하며 오이와 참외, 수박의 해충이다. 분포 기후대로 볼 때, 침입 시 국내에 정착할 위험성이 높다.

진단형질: 독특한 가슴과 날개의 무늬로 쉽게 구분할 수 있다.

성충형질: 몸체는 전체적으로 황갈색 바탕에 백색 또는 검정색 무늬가 있으며, 센털을 검정색, 털은 황백색이다. 머리는 황갈색이며, 3쌍(간혹 4쌍)의 이마센털과, 2쌍의 안와센털이 있으며, 홑눈센털은 안와센털의 길이와 비슷하다. 방패판은 황갈색 바탕에 그림과 같이 9개의 검은 반점과, U자형의 백색 띠가 뒤쪽으로 1쌍 있다. 작은방패판은 백색바탕에 양 옆과 중앙에 흑색 반점이 있다. 옆판은 전체적으로 황갈색이며, 어깨판 부터 날개 앞쪽까지 백색 띠가 있으며, 후흉상·하옆등판도 백색이다. 다리는 전체적으로 황갈색이다. 날개는 투명하며 기부 중앙부는 황갈색이며, 중앙부는 전연문(pterostigma)에서 애널로브 중앙까지 황갈색에 갈색테두리가 있는 세로띠가 있으며, 말단부에는 역전된 V-자 모양의 띠가 있다. 복부는 전체적으로 황갈색이며 무늬가 없다. 암컷의 산란통은 황갈색이며 바로 앞쪽 두 마디와 길이 가 비슷하다.

유충형질: 자료 없음.

숙주범위: 박과식물(열매).

가해 가능한 국내작물: 오이, 참외, 수박 등 박과식물(열매).

분포: 이집트, 코카서스에서 인도 서부까지.

유인제: 알려지지 않음.

DNA 바코드: 2019년 10월 현재 BOLD 데이터베이스에서 5개의 바코드를 찾을 수 있다. 이들은 계통분석 시 단일 클러스터를 이루며, 0.5% 이내의 바코드 거리가 일치되는 개체들로서 동정이 가능하다.

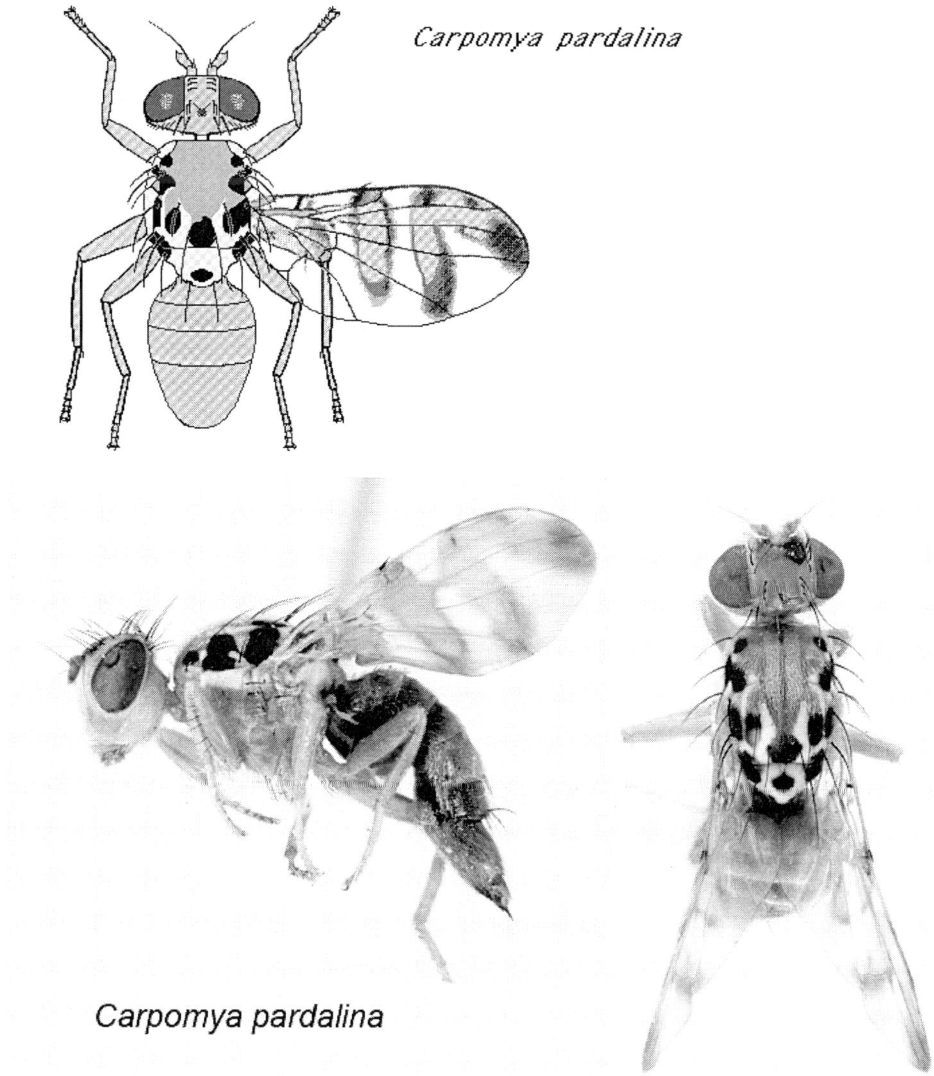

그림 60. 러시아참외과실파리(*Carpomya pardalina*) 윗줄 수컷, 아랫줄 암컷. Images courtesy of Carroll et al., Pest fruit flies of the world, www.delta-intkey.com/ffa/index.htm (as of 2019/11).

61. *Rhagoletis cerasi* (Linnaeus, 1758)

국명: 유럽양벚과실파리
영명: Cherry fruit fly
아과/족: Trypetinae: Carpomyini

Musca cerasi Linnaeus 1758: 600. – [France?]. Lectotype A Reaumur. Lectotype designated by White 1987: 102, specimen of Reaumur 1737, pl. 38, fig. 23.
Trypeta signata Meigen 1826: 332. – Not stated [Europe]. Syntype ♂♀ MNHNP. NMW Syntype from Megerle probably destroyed (Pont 1986).
Urophora liturata Robineau-Desvoidy 1830: 771. – France. Holotype Dejean.
Urophora cerasorum Dufour 1845: 212. – France. T A MNHNP? Attributed to Redi 1671 (nonbinominal).
Rhagoletis cerasi f. *obsoleta* Hering 1936: 182. – Germany. Berlin-Frohnau. Holotype ♂ BMNH.
Rhagoletis cerasi spp. *fasciata* Rohdendorf 1961: 180. – Russia. Volgogradskaya: Sarepta. Holotype ♀ ZISP.
Rhagoletis cerasi ssp. *nigripes* Rohdendorf 1961:180. – Tadzhikistan. 60 km. from Zaamin, Turkestan range, Gurolash. Holotype ♀ ZISP.
Tephritis ceraci Persson 1958: 111. – missp. cerasi Linnaeus.
Musca solstitialis: Sulzer 1776: 216. – misid.

검역해충 등급제안: 금지해충 제2급 39위 - **기존등급**: 금지해충

등급분류 근거: 유럽에서 양벚나무 열매를 가해하는 주요 해충이며, 분포구역의 기후가 한국과 유사하므로 침입 시 정착할 확률이 크다.

진단형질: 이 종은 날개의 독특한 패턴으로 다른 *Rhagoletis* 종들과 쉽게 구분할 수 있다.

성충형질: 머리는 황갈색에서 연한 황색이며 3쌍의 이마센털과 2쌍의 안와센털을 지닌다. 홑눈센털은 앞쪽 안와센털 만큼 길다. 뒷홑눈센털은 백색이며 길다. 가슴은 전체적으로 흑색이며 어깨돌기에서 날개 밑까지 넓은 백색의 띠가 있으며, 작은방패판도 백색이다. 날개는 투명하며 말단부에 기역자의 넓은 띠가 있으며, 기부와 중앙부에는 각각 굵은 세로띠가 있다. 다리는 대체로 황갈색이나, 넓적다리마디들은 흑갈색이다. 복부등판과 암컷 산란통은 흑색이다.

유충형질: Pest fruit flies of the world, www.delta-intkey.com/ffa/index.htm 참조.

숙주범위: Caprifoliaceae *(Lonicera* spp.), family Rosaceae *(Prunus* spp.)를 가해.

가해 가능한 국내작물: 국내 도입 시 한반도 전역에서 월동이 가능하며, 야생기주도 많이 분포한다. 양벚나무의 주요 해충임.

분포: 영국을 제외한 유럽 및 서부 시베리아에서 코카서스 지방과 중앙아시아까지 분포.

유인제: 알려지지 않음.

DNA 바코드: 2019년 10월 현재 BOLD 데이터베이스에 27개의 바코드가 입력되어 있다. 이들은 계통분석 시 단일 클러스터를 이루며, 바코드 거리가 0.5% 이내로 일치하는 개체들의 명확한 동정이 가능한 것으로 사료된다.

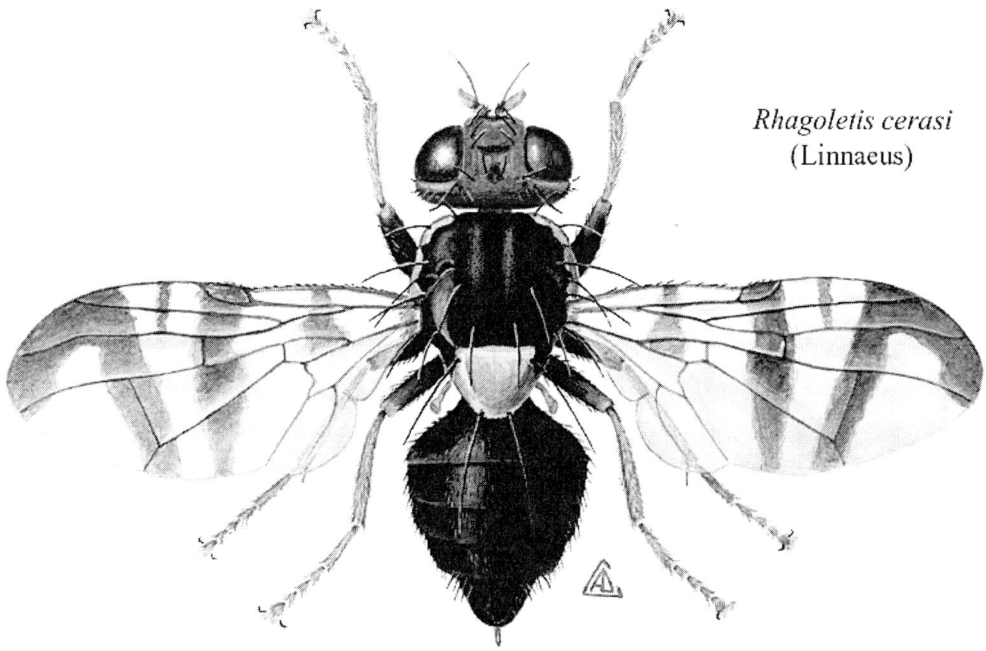

그림 61. 유럽양벚과실파리(*Rhagoletis cerasi*), 암컷. Drawing courtesy of Carroll et al., Pest fruit flies of the world, www.delta-intkey.com/ffa/index.htm (as of 2019/11).

62. *Rhagoletis cingulata* (Loew, 1862)

국명: 체리과실파리

영명: Cherry fruit fly

아과/족: Trypetinae: Carpomyini

Trypeta cingulata Loew1862: 76. – USA. "Middle States". T ♀ MCZ. Type data (Bush 1966: 473).

Ortalis cerasi: Harris 1835: 600. – misid. See Bush 1966: 473.

Trypeta pomonella: Cook 1889: 152. – misid. See Foote et al. 1993: 341.

Rhagoletis cingulata ssp. *indifferens*: Padilla 1964: 9. – misid. See Foote 1981: 48.

검역해충 등급제안: 금지해충 제2급 38위 - **기존등급**: 금지해충

등급분류 근거: 북미에서 양벚나무 열매를 가해하는 주요 해충이며, 분포구역의 기후가 한국과 유사하므로 침입 시 정착할 확률이 크다. 실제로 스위스와 이태리에 정착하였다.

진단형질: 위쪽에서 보면 방패판은 검정색, 작은방패판은 황색이며, 각 복부등판은 검정색이며 후단부에 좁은 황백색 가로띠가 있다. 날개무늬는 *R. indifferes*와 매우 비슷하나, 수컷의 제5 복부등판의 후단부 황백색 부분을 *R. indifferens*에서는 찾아볼 수 없다. 추가적으로 *R. cingulata*는 말단부의 날개무늬가 전단까지 잘라져 말단 반점을 이루는 표본들이 훨씬 많은 점으로도 어느 정도 구분된다.

성충형질: 약 4~5mm의 과실파리로서, 머리는 황갈색이며 3쌍의 이마센털과 2쌍의 안와센털을 지닌다. 홑눈센털은 앞쪽 안와센털 만큼 길다. 뒷홑눈센털은 백색이며 길다. 가슴은 전체적으로 흑색이며 어깨돌기에서 날개 밑까지 넓은 황백색의 띠가 있으며, 작은방패판도 황백색이다. 다리는 대체로 황갈색이다. 날개는 투명하며 기부와 중간부에 흑갈색 세로띠가 있으며, 말단에는 DM-Cu맥을 통과하는 F-모양의 띠가 있다. 각 복부등판은 검정색이며 후단부에 좁은 황백색 가로띠가 있다. 암컷 산란통은 흑색이며 바로 앞쪽 복부마디보다 길다.

유충형질: 자료 없음.

숙주범위: 주로 양벚나무를 가해하는 주요 해충이다.

가해 가능한 국내작물: 양벚나무.

분포: 캐나다에서 중부 멕시코까지 넓게 분포; 스위스와 북부 이태리에 도입됨.

유인제: 알려지지 않음.

DNA 바코드: 2019년 10월 현재 BOLD 데이터베이스에서 40개 이상의 바코드를 찾을 수 있다. 이들은 계통분석 시 근연종인 서부양벚과실파리(*R. indifferens*)와 단일 클러스터를 이루며, 바코드 서열로 구분할 수 없다.

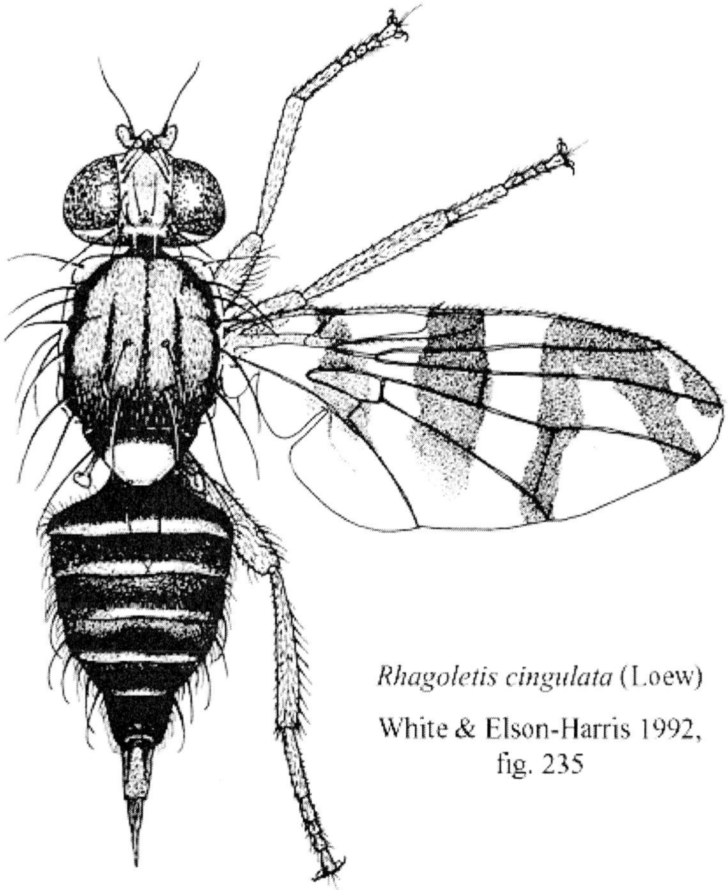

그림 62. 체리과실파리(*Rhagoletis cingulata*), 암컷. Drawing from White & Elson-Harris (1992).

63. *Rhagoletis completa* Cresson, 1929

국명: 남방호두과실파리(신칭)

영명: Walnut husk fly

아과/족: Trypetinae: Carpomyini

Rhagoletis suavis ssp. *completa* Cresson 1929: 412. – USA. California: San Bernardino Co., Chino. HT ♂ ANSP.

Rhagoletis juglandis: Boyce 1929: 269. – misid. See Foote et al. 1993: 341.

검역해충 등급제안: 금지해충 제2급 40위 - **기존등급**: 금지해충

등급분류 근거: 멕시코와 미국(미네소타 남쪽) 원산으로 유럽 남부에 정착한 기록이 있다. 한국 남부에도 정착이 가능한 해충으로 사료된다. 실제로 스위스와 이태리에 정착하였다.

진단형질: 날개에 기부 반문, 굵은 중간세로띠, DM-Cu맥을 통과하는 역 V-자형 말단띠가 있어 쉽게 구분되며, 중간띠와 말단띠는 간혹 접촉되어 있는 것들도 있다.

성충형질: 머리는 황갈색이며 3쌍의 이마센털과 2쌍의 안와센털을 지닌다. 홑눈센털은 앞쪽 안와센털 만큼 길다. 뒷홑눈센털은 백색이며 길다. 가슴은 황오렌지색이며 어깨판과 작은방패판은 황백색이다. 날개는 투명하며, 기부반문, 굵은 중간세로띠와 DM-Cu맥을 통과하는 역 V-자형 말단띠가 있어 쉽게 구분된다. 중간띠와 말단띠는 간혹 접촉되어 있는 것들도 있다. 복부는 황오렌지색 바탕이며, 제3등판 이후의 등판들은 기부가 넓게 흑갈색이다.

유충형질: 자료 없음.

숙주범위: 호두의 해충이며, 다음 두 과의 식물들을 가해한 기록이 있다 - Juglandaceae, Rosaceae

가해 가능한 국내작물: 호두나무.

분포: 미국(미네소타 남쪽)과 멕시코; 스위스와 북부 이태리에 도입됨

유인제: 알려지지 않음.

DNA 바코드: 2019년 10월 현재 BOLD 데이터베이스에서 29개의 바코드를 찾을 수 있다. 이들은 계통분석 시 근연종인 *R. zoqui* 및 *R. ramosae* 와 단일 클러스터를 이루며, 구분되지 않는다.

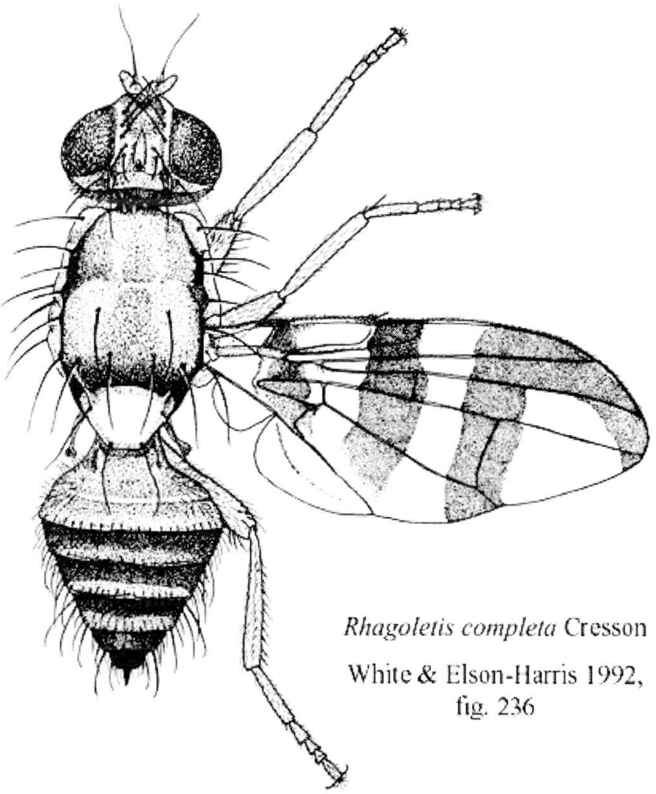

그림 63. 남방호두과실파리(*Rhagoletis completa*), 암컷.
Drawing from White & Elson-Harris (1992).

64. *Rhagoletis fausta* (Osten Sacken, 1877)

국명: 블랙체리과실파리

영명: Black cherry fruit fly

아과/족: Trypetinae: Carpomyini

Trypeta fausta Osten Sacken 1877: 346. — USA. New Hampshire: Mt. Washington, alpine region. LT ♀ MCZ. Lectotype designated by Bush 1966: 518.

Rhagoletis intrudens Aldrich 1909: 70. — Canada. British Columbia: Victoria. HT ♀ USNM.

검역해충 등급제안: 금지해충 제3급 55위 - **기존등급:** 금지해충

등급분류 근거: 북미에서 양벚나무 열매의 주요 해충이다. 한국과 비슷한 분포기후대를 가지므로 주의할 필요가 있다.

진단형질: 날개에 좁은 기부세로띠, 굵은 중간세로띠, DM-Cu맥을 통과하는 역 F-자형 말단띠가 있으며, 중간띠와 말단띠는 후반부에서 넓게 접촉이 되며 말단띠는 DM-Cu맥 바로 앞에 원형의 투명한 점이 있다.

성충형질: 머리는 황갈색이며 3쌍의 이마센털과 2쌍의 안와센털을 지닌다. 홑눈센털은 앞쪽 안와센털 만큼 길다. 뒷홑눈센털은 백색이며 길다. 가슴은 전체적으로 흑색이며 어깨돌기에서 날개 밑까지 넓은 황백색의 띠가 있으며, 작은방패판도 황백색이다. 다리는 넓적다리마디들이 끝부분을 제회하고 흑갈색이며, 종아리마디와, 발목마디들은 전부 황갈색이다. 날개는 투명하며, 좁은 기부세로띠, 굵은 중간세로띠, DM-Cu맥을 통과하는 역 F-자형 말단띠가 있으며, 중간띠와 말단띠는 후반부에서 넓게 접촉이 되며 말단띠는 DM-Cu맥 바로 방에 원형의 투명한 점이 있다. 복부는 전체적으로 흑색이다.

유충형질: 자료 없음.

숙주범위: 장미과의 식물들을 가해하며, 양벚나무의 주요 해충이다.

가해 가능한 국내작물: 양벚나무.

분포: 미국, 캐나다.

유인제: 알려져 있지 않음.

DNA 바코드: 2019년 10월 현재 BOLD 데이터베이스에서 10개의 바코드를 찾을 수 있다. 이들은 계통분석 시 단일 클러스터를 이루며, 0.5% 이내의 바코드 거리가 일치되는 개체들로서 동정이 가능하다.

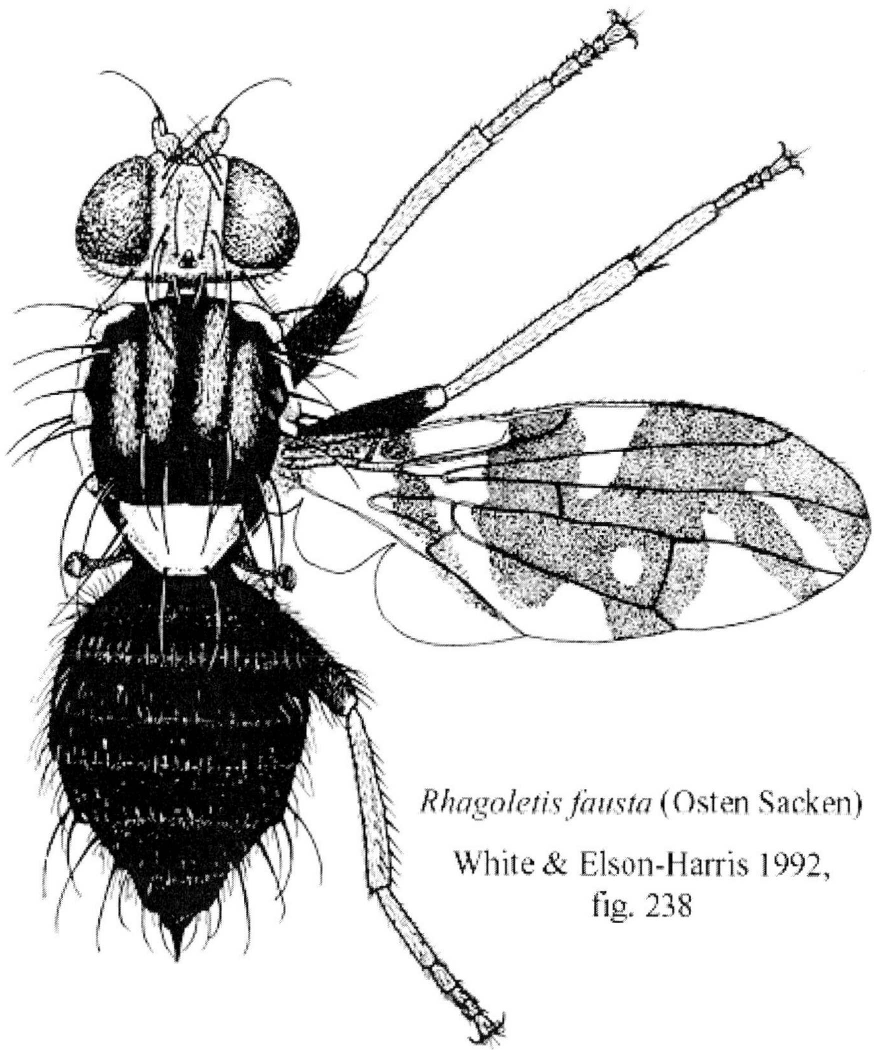

그림 64. 블랙체리과실파리(*Rhagoletis fausta*) 암컷. Drawing from White & Elson-Harris (1992).

65. *Rhagoletis indifferens* Curran, 1932

국명: 서부양벚과실파리

영명: Western cherry fruit fly

아과/족: Trypetinae: Carpomyini

Rhagoletis indifferens Curran 1932: 8. — USA. Oregon: Hood River. HT ♂ AMNH.
Rhagoletis cingulata: Wilson & Lovett 1913: 160. — misid.

검역해충 등급제안: 금지해충 제3급 54위 - **기존등급:** 금지해충

등급분류 근거: 북미에서 양벚나무 열매의 주요 해충이다. 스위스에 침입 및 정착했던 기록이 있으며, 한국과 비슷한 분포기후대를 가지므로 주의할 필요가 있다.

진단형질: 위쪽에서 보면 방패판은 검정색, 작은방패판은 황색이며, 각 복부등판은 검정색이며 수컷의 제5등판을 제외하고 후단부에 좁은 황백색 가로띠가 있다. 날개무늬는 *R. cingulata*와 매우 비슷하나, 수컷의 제5 복부등판의 후단부 황백색 부분을 *R. cingulata*에서는 찾아볼 수 있다. 추가적으로 *R. cingulata*는 말단부의 날개무늬가 전단까지 잘라져 말단 반점을 이루는 표본들이 훨씬 많은 점으로도 어느 정도 구분된다.

성충형질: 약 4~5mm의 과실파리로서, 머리는 황갈색이며 3쌍의 이마센털과 2쌍의 안와센털을 지닌다. 홑눈센털은 앞쪽 안와센털 만큼 길다. 뒷홑눈센털은 백색이며 길다. 가슴은 전체적으로 흑색이며 어깨돌기에서 날개 밑까지 넓은 황백색의 띠가 있으며, 작은방패판도 황백색이다. 다리는 대체로 황갈색이다. 날개는 투명하며 기부와 중간부에 흑갈색 세로띠가 있으며, 말단에는 DM-Cu맥을 통과하는 F-모양의 띠가 있다. 각 복부등판은 검정색이며 후단부에 좁은 황백색 가로띠가 있다(수컷의 제5등판을 제외). 암컷 산란통은 흑색이며 바로 앞쪽 복부마디보다 길다.

유충형질: 자료 없음.

숙주범위: 장미과의 식물들을 가해하며, 양벚나무의 주요 해충이다.

가해 가능한 국내작물: 양벚나무.

분포: 캐나다와 미국.

유인제: 알려져 있지 않음.

DNA 바코드: 2019년 10월 현재 BOLD 데이터베이스에서 5개의 바코드를 찾을 수 있다. 이들은 계통분석 시 근연종인 *R. cingulata*와 단일 클러스터를 이루며, 바코드 서열로 구분할 수 없다.

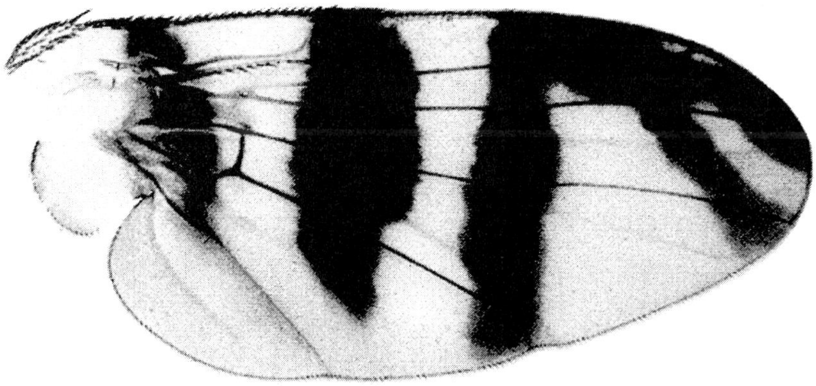

Rhagoletis indifferens

그림 65. 서부양벚과실파리(*Rhagoletis indifferens*), 날개. Image courtesy of Carroll et al., Pest fruit flies of the world, www.delta-intkey.com/ffa/index.htm (as of 2019/11).

66. *Rhagoletis mendax* (Curran, 1932)

국명: 블루베리과실파리(신칭)

영명: Blueberry maggot fly

아과/족: Trypetinae: Carpomyini

Rhagoletis mendax Curran 1932: 7. – USA. Maine. HT ♂ AMNH.
Rhagoletis pomonella: Britton 1906: 260. – misid. See Foote et al. 1993: 353.

검역해충 등급제안: 관리해충 - **기존등급**: 없음

등급분류 근거: 북미에서 블루베리의 주요 해충이다. 국내의 블루베리 재배농가의 증가에 따라 주목할 필요가 있다. 분포 기후대가 한국과 비슷하므로 도입 시 정착가능성이 높다.

진단형질: 이 종은 *R. pomonella, R. zephyria, R. cornivora*와 유사하며 *R. pomonella* 종군(species-group)을 형성한다. 이 종군은 날개에 굵은 F-패턴이 기부의 세로띠와 뒤쪽에서 넓게 만나는 점으로 *Rhagoletis* 속의 다른 종들과 구분할 수 있다. 이 종은 특히 사과과실파리(*R. pomonella*)와 매우 비슷하나 앞넓적다리마디에 어두운 무늬가 없고, 암컷의 산란삽입기가 짧은 점으로 구분한다.

성충형질: 머리는 황갈색에서 연한 황색이며 3쌍의 이마센털과 2쌍의 안와센털을 지닌다. 홑눈센털은 앞쪽 안와센털 만큼 길다. 뒷홑눈센털은 백색이며 길다. 가슴은 전체적으로 흑색이며 어깨돌기에서 날개 밑까지 넓은 백색의 띠가 있으며, 작은방패판도 백색이다. 다리는 거의 황갈색이다. 날개는 투명하며 F-모양의 넓은 흑갈색 띠가 있으며 이 띠는 기부의 띠와 후단부에서 만난다. 복부등판도 흑색이나 2-5번 등판은 각각 말단부가 회백색의 분으로 덮인 가로띠를 형성한다. 암컷 산란통은 흑색이며 바로 앞쪽 복부마디보다 길다.

유충형질: Pest fruit flies of the world, www.delta-intkey.com/ffa/index.htm 참조.

숙주범위: 블루베리를 포함 *Vaccinium* 속 7종.

가해 가능한 국내작물: 블루베리.

분포: 미국 동부.

유인제: 알려지지 않음.

DNA 바코드: 2019년 10월 현재 BOLD 데이터베이스에 3개의 바코드가 입력되어 있다. 이들은 계통분석 시 근연종인 *R. pomonella* 및 *R. zephyria*와함께 단일 클러스터를 이루며, 바코드 서열로 구분할 수 없다.

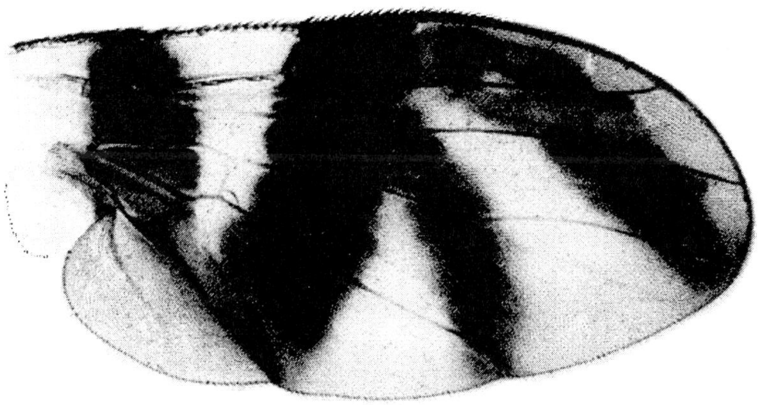

Rhagoletis mendax

그림 66. 불루베리과실파리(*Rhagoletis mendax*), 날개. Photo courtesy of Carroll et al., Pest fruit flies of the world, www.delta-intkey.com/ffa/index.htm (as of 2019/11).

67. *Rhagoletis pomonella* (Walsh, 1867)

국명: 사과과실파리

영명: Apple maggot fly

아과/족: Trypetinae: Carpomyini

Trypeta pomonella Walsh 1867: 343. – USA. Illinois. Lectotype♀ MCZ. Lectotype designated by Bush 1966: 457.

Trypeta albiscutellata Harris 1835: 600. – Nomen nudum. T A MCZ. Attributed to Say; see Johnson 1925: 97.

검역해충 등급제안: 금지해충 제1급 21위 - **기존등급**: 금지해충

등급분류 근거: 북미에서 사과의 주요 해충이다. 분포지역의 기후가 한국과 유사하므로, 도입 시 쉽게 정착 가능한 위험해충으로 사료된다.

진단형질: 사과과실파리와 *R. zephyria, R. mendax, R. cornivora*는 매우 유사하며 *R. pomonella* 종군(species-group)을 형성한다. 이 종군은 날개에 굵은 F-패턴이 있는 점으로 *Rhagoletis* 속의 다른 종들과 구분할 수 있다. 사과과실파리는 근연종과는 앞다리 넓적다리마디의 뒷부분이 어두운 색을 띠는 점으로 구분할 수 있으나, 일부 표본들에서는 이 특징이 나타나지 않을 수도 있다. 또한 분포지의 북부에서 채집된 사과과실파리의 표본들은 일반적으로 근연종들보다 몸체가 크며, 암컷의 산란관(aculeus)도 길다.

성충형질: 머리는 황갈색에서 연한 황색이며 3쌍의 이마센털과 2쌍의 안와센털을 지닌다. 홑눈센털은 앞쪽 안와센털 만큼 길다. 뒷홑눈센털은 백색이며 길다. 가슴은 전체적으로 흑색이며 어깨돌기에서 날개 밑까지 넓은 백색의 띠가 있으며, 작은방패판도 백색이다. 다리는 대체로 황갈색이나, 앞다리 넓적다리마디의 뒷부분, 중간 및 뒷다리 넓적다리마디 전체가 흑갈색이다. 날개는 투명하며 F-모양의 넓은 흑갈색 띠가 있으며 이 띠는 기부의 띠와 후단부에서 만난다. 복부등판도 흑색이나 2-5번 등판은 각각 말단부가 회백색의 분으로 덮인 가로띠를 형성한다. 암컷 산란통은 흑색이며 바로 앞쪽 복부마디보다 길다.

유충형질: White & Elson-Harris (1992) 376쪽 참조.

숙주범위: 사과, 산사나무를 포함하는 *Malus* 및 *Crataegus* 속을 주로 가해함. 문헌상에 장미과에 속하는 많은 숙주식물이 있으나, 형태가 비슷한 근연종의 오동정일 가능성이 크다(www.cabi.org - 2016).

가해 가능한 국내작물: 북미에서 사과의 가장 중요한 해충으로서, 분포 및 숙주범위로 볼 때, 한국 침입 시 정착이 가능할 것으로 사료됨.

분포: 캐나다에서 멕시코까지 넓게 분포.

유인제: 종 특이적 유인제는 알려져 있지 않으나, 암모니아 트랩에 포획되기도 한다.

DNA 바코드: 2019년 10월 현재 BOLD 데이터베이스에 27개의 바코드가 입력되어 있다. 이들은 계통분석 시 근연종인 *R. mendax* 및 *R. zephyria*와 함께 단일 클러스터를 이루며, 바코드 서열로 구분할 수 없다.

그림 67. 사과과실파리(*Rhagoletis pomonella*)의 암컷. Photos by H.-Y. Han.

68. *Rhagoletis suavis* (Loew, 1862)

국명: 호두과실파리(신칭)

영명: Walnut husk fly

아과/족: Trypetinae: Carpomyini

Trypeta suavis Loew 1862: 75. – USA. "Middle States". HT ♂ MCZ.

검역해충 등급제안: 금지해충 제3급 56위 - **기존등급**: 금지해충

등급분류 근거: 북미에 분포하며 해충성은 남방호두과실파리에 못 미치나, 한국과 비슷한 분포기후대를 가지므로 주의할 필요가 있다.

진단형질: 언뜻 보기에 R. *completa*와 비슷하나 날개 무늬로 쉽게 구분할 수 있다. 즉 중간띠와 말단띠는 항상 뒤쪽에서 연결되어 있으며, DM-Cu맥 바로 앞의 띠에 뒤쪽에서 부터 좁고 깊이 파인 부분이 있다.

성충형질: 머리는 황갈색이며 3쌍의 이마센털과 2쌍의 안와센털을 지닌다. 홑눈센털은 앞쪽 안와센털 만큼 길다. 뒷홑눈센털은 백색이며 길다. 가슴은 황오렌지색이며 어깨판과 작은방패판은 황백색이다. 날개는 투명하며, 기부반문, 굵은 중간세로띠와 DM-Cu맥을 통과하는 역 V-자형 말단띠가 있어 쉽게 구분된다. 중간띠와 말단띠는 항상 뒤쪽에서 연결되어 있으며, DM-Cu맥 바로 앞의 띠에 뒤쪽에서 부터 좁고 깊이 파인 부분이 있다. 복부는 황오렌지색 바탕이며, 제4등판 이후의 등판들은 기부가 넓게 흑갈색이다.

유충형질: 자료 없음.

숙주범위: 호두나무류.

가해 가능한 국내작물: 호두나무.

분포: 북미 전역.

유인제: 알려져 있지 않음.

DNA 바코드: 2019년 10월 현재 BOLD 데이터베이스에서 18개의 바코드를 찾을 수 있다. 이들은 계통분석 시 단일 클러스터를 이루며, 0.5% 이내의 바코드 거리가 일치되는 개체들로서 동정이 가능하다.

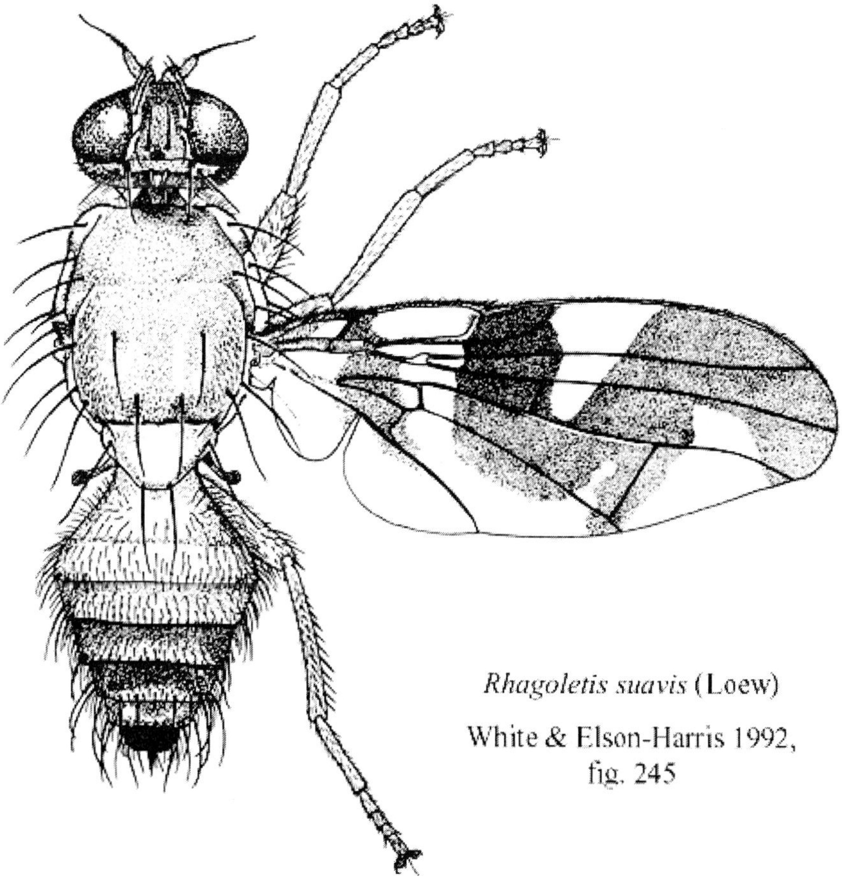

그림 68. 호두과실파리(*Rhagoletis suavis*), 암컷. Drawing from White & Elson-Harris (1992).

69. *Zonosemata electa* (Say, 1830)

국명: 고추과실파리

영명: Pepper maggot fly

아과/족: Trypetinae: Carpomyini

Trypeta electa Say 1830: 185. – USA. Indiana. T A ANSP (destroyed).

Tephritis flavonotata Macquart 1855: 145. – USA. Maryland: Baltimore. LT ♀ UMO. Lectotype designation by inference of holotype by Stone 1951: 45.

검역해충 등급제안: 금지해충 제3급 59위 - **기존등급**: 금지해충

등급분류 근거: 북미에 분포하며 고추 및 가지를 간혹 가해하는 해충으로 알려져 있다. 한국과 비슷한 분포기후대를 가지므로 주의할 필요가 있다.

진단형질: 이 종은 그림에서와 같이 독특한 날개 및 몸체 패턴으로 쉽게 구분이 가능하다.

성충형질: 중형의 과실파리이며, 몸은 전체적으로 연갈색이며, 가슴에 황백색 및 흑갈색무늬가 있다. 센털과 털은 흑색이다. 머리는 연갈색에 3쌍의 이마센털과 2쌍의 안와센털을 지닌다. 홑눈센털은 뒤쪽 안와센털과 길이가 비슷하며, 홑눈뒷센털은 흑색이다. 방패판은 연갈색이며, 황백색의 어깨판, 횡단봉합선 앞쪽부터 작은방패판까지 이어지는 좁은 측면 세로띠, 그 중앙에 앞 뒤가 뾰족한 넓은 중앙 세로띠가 있다. 작은방패판은 좁은 황갈색의 기부를 제외하고 황백색이며, 2쌍의 센털이 있다. 복부는 연갈색이며, 수컷 제5등판, 암컷 제6등판 기부 측면에 1쌍의 작은 반점이 있다. 암컷의 산란통은 연갈색이며 앞쪽 2마디와 길이가 비슷하다.

유충형질: 자료 없음.

숙주범위: 고추와 가지를 비롯한 가지과 식물의 열매.

가해 가능한 국내작물: 고추, 가지.

분포: 미국, 캐나다.

유인제: 알려져 있지 않음.

DNA 바코드: 2019년 10월 현재 BOLD 데이터베이스에서 4개의 바코드를 찾을 수 있다. 이들은 계통분석 시 단일 클러스터를 이루나, 개체들 간은 바코드 거리가 특이하게도 1%이내에서 비교적 큰 변이폭을 보인다. 3개의 바코드 서열이 약 300bp로 매우 짧으므로, 상온 보관 표본에서 증폭된 것으로 사료되며 염기서열 분석 시 오류가 있었던 것이 아닐까 의심된다. 나머지 1개는 정상적인 염기서열 분석이 된 것으로 사료되며, 근연종인 *Z. vittigera* 개체와 거의 동일한 서열을 보인다.

Zonosemata electa

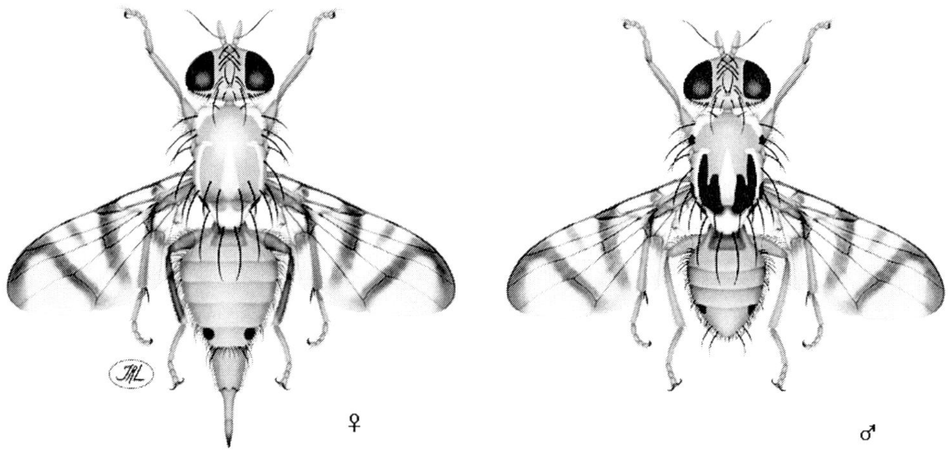

그림 69. 고추과실파리(*Zonosemata electa*), 암컷과 수컷. Drawings courtesy of Carroll et al., Pest fruit flies of the world, www.delta-intkey.com/ffa/index.htm (as of 2019/11).

70. *Acanthiophilus helianthi* (Rossi, 1794)

국명: 홍화꽃과실파리

영명: Safflower fly

아과/족: Tephritinae: Tephritini

Musca helianthi Rossi 1794: 73. — Italy. "Etruria" [Tuscany?]. ST A ZMHU? Type data (Thompson & Pont 1993: 82).

Trypeta eluta Meigen 1826: 344. — France. Fontainebleau; & Niemes; Portugal; & Germany. Stolberg. ST ♂♀ MNHNP. Also possibly ST in ZMHU.

Acanthiophilus helianthe Bezzi 1918: 41. — missp. helianthi Rossi.

검역해충 등급제안: 한국 자생종 - **기존등급**: 관리해충

등급분류 근거: 본 종은 한국 분포가 확인되었으므로(Han & Ro, 2018) 관리해충목록에서 제거할 필요가 있다. 유럽 및 중동의 다소 건조한 지역에서 채유용으로 널리 재배하는 잇꽃(= 홍화꽃, *Carthamus tinctorius*)의 주요 해충으로 알려져 있으나, 한국에서는 희귀하며 해충성이 증명되지 않았다.

진단형질: 매우 긴 산란통, 거의 투명한 날개와 말단부 앞쪽의 연회색 패턴으로 쉽게 다른 분류군들과 구분할 수 있다.

성충형질: 머리는 연갈색이며 3쌍의 황회색 이마센털을 가지며, 2쌍의 안와센털을 가지는테, 앞의 것은 황회색 뒤의 것은 백색이다. 가슴과 복부는 전체적으로 무광택 회백색이며 백색 털과 대체로 황회색 센털을 가진다. 방패판에는 황회색 센털들이 있으며, 작은방패판의 기부센털을 길며, 말단부센털을 매우 짧다. 날개는 거의 전체적으로 투명하며 연회색의 말단부 앞쪽 무늬를 갖는다. 암컷의 산란통은 복부의 길이와 비슷할 정도로 매우 길며, 광택이 나는 흑갈색이며 짧은 백색의 털로 덮여 있다.

유충형질: 자료 없음.

숙주범위: 국화과의 17속 45종을 가해한 기록이 있으며, 두상화 내부를 섭식한다. 관련 속명 - *Acroptilon, Atractylis, Carduncellus, Carduus, Carlina, Carthamus, Centaurea, Cirsium, Cnicus, Cyanuss, Cynara, Galactites, Notobasis, Rhaponticum, Scolymus, Serratula, Volutaria.*

가해 가능한 국내작물: 홍화꽃.

분포: 유럽, 한국을 비롯한 구북구에 광범위하게 분포하며 아프리카와 동남아시아에서도 발견되고 있다

유인제: 알려지지 않음.

DNA 바코드: 2019년 10월 현재 BOLD 데이터베이스에서 8개의 바코드를 찾을 수 있다. 계통분석 시 단일 클러스터를 이루므로, 0.5% 이내의 바코드 거리로 쉽게 구분될 수 있다.

그림 70. 홍화꽃과실파리(*Acanthiophilus helianthi*), 윗줄 암컷, 아랫줄 수컷. Photos by H.-Y. Han.

71. *Euleia heraclei* (Linaneus, 1758)

국명: 셀러리과실파리(신칭)

영명: Celery fly

아과/족: Trypetinae: Trypetini

Musca heraclei Linnaeus 1758: 600. – not stated. T A LSL. Conserved by I.C.Z.N. 1991: 181, Opinion 1645; ST lost (White 1987: 103).

Musca onopordinis Fabricius 1775: 787. – Daniae [Denmark]. T AUZMC? ST apparently lost (Zimsen 1964: 476).

Musca centaureae Fabricius 1794: 360. – Germany. Kiliae [Kiel]. T A UZMC. ST apparently lost (Zimsen 1964: 493).

Trupanea berberidis Schrank 1803: 144. – Germany. Bavaria: around Ingolstadt. T A Unknown.

Forellia dauci Robineau-Desvoidy 1830: 761. – not stated. ST ♂♀ Dejean. N. Syn. of *Euleia heraclei* (Linnaeus) (Norrbom et al., 1999: 146).

Musca subcutanea Turton 1801: 623. – n. n. heraclii Linnaeus 1758. Preocc. Bjerkander 1793.

Trupanea onopordi Schrank 1803: 144. – emend. onopordinis Fabricius.

Trypeta heraclei Loew 1844: 323. – emend. heraclii Linnaeus.

Philophylla heraclei f. *spadicea* Ito 1956: 25. – Nomen nudum. Published after 1930 without a description.

Euleia heraclei f. *spadicea* Ito 1984: 157. – Nomen nudum. Japan. Hokkaido: Sapporo, Isikari. HT♂ UOPJ. Formor variety proposed after 1960.

Musca heraclii Linnaeus 1758: 600. – incosp. heraclei Linnaeus. Suppressed by I.C.Z.N. 1991: 181 opinion 1645.

Acinia herachlei Lioy 1864: 1026. – missp. heraclei Linnaeus.

Euleia hercclei Foote 1984: 88. – missp. heraclei Linnaeus. Attributed to "authors".

Euleia centauriae Foote 1984: 88. – missp. centaureae Fabricius.

Euleia heracleii Foote 1984: 88. – missp. heraclei Linnaeus.

검역해충 등급제안: 관리해충 - **기존등급**: 관리해충

등급분류 근거: 분포범위로 볼 때, 도입 시 한국에 정착될 확률이 크다. 일반 작물로는 셀러리를 가해할 수 있으며, 산형과(Apiaceae)에 속하는 당귀 등의 약초들을 가해할 가능성이 있으므로 주의할 필요가 있다. 이 종의 분포범위로 볼 때, 한국에 실제 자생하고 있을 가능성이 있다. 본인들의 경험에 따르면, 이들은 높은 밀도로 서식하는 지역에서도 포충망으로는 매우 드물게 채집되며 박물관에 소장된 표본들은 대부분 숙주식물에서 우화시킨 것들이다.

진단형질: 이 종은 전체적으로 황갈색~흑갈색이며, 흑색~흑갈색의 센털과 털을 지니고 있다. 몸의 색은 거의 황갈색을 띠는 것부터 전체적으로 흑갈색인 것까지 변이가 심하다. 센털의 배열 및 모양은 전형적인 과실파리의 특성을 보이나, 날개의 패턴으로 다른 분류군들과 구분 가능하다.

성충형질: 중형의 과실파리로서, 가슴과 배는 황갈색~흑갈색으로 변이가 심하나, 머리와 다리는 항상 황갈색이다. 털은 흑색~흑갈색이다. 머리에는 길고 강한 3쌍의 이마센털과 1쌍의 안와센털이 있으며, 홑눈센털은 안와센털 만큼 길다. 가슴은 전형적인 과실파리의 센털 구성을 가지고 있으며, 작은방패판에는 2쌍의 센털이 있는데, 말단센털은 서로 평행하거나 약간 벌어져 있다. 날개는 투명하며 독특한 무늬가 있어 다른 종들과 쉽게 구분된다. 암컷의 산란통은 항상 흑갈색이며, 바로 앞쪽 복부 2개의 복부마디 길이보다 약간 짧다.

유충형질: Krivosheina & Ozerova (2016) 참조.

숙주범위: 산형과(Apiaceae)에 속하는 많은 숙주식물에 잎굴을 형성한 기록이 있음. 셀러리의 해충으로 알려짐. 국화과 식물도 간혹 가해한 기록이 있으나 날개 무늬

가 유사한 잎굴파리인 *Acidia cognata*의 오동정으로 사료됨 (Han, 1998).

가해 가능한 국내작물: 일반 작물로는 셀러리를 가해할 수 있으며, 산형과(Apiaceae)에 속하는 당귀 등의 약초를 가해할 가능성이 큼.

분포: 북유럽에서 러시아 동부 및 일본까지 널리 분포하며, 북아프리카, 중동, 중앙아시아에서도 발견된다.

DNA 바코드: 2019년 10월 현재 BOLD 데이터베이스에 없으나, 근연종인 북미의 *E. fratria*와 *E. uncinata*는 각각 8개체 및 3개체가 등록되어 있다. 아마도 이들과 비슷한 바코드를 가질 것으로 추정된다.

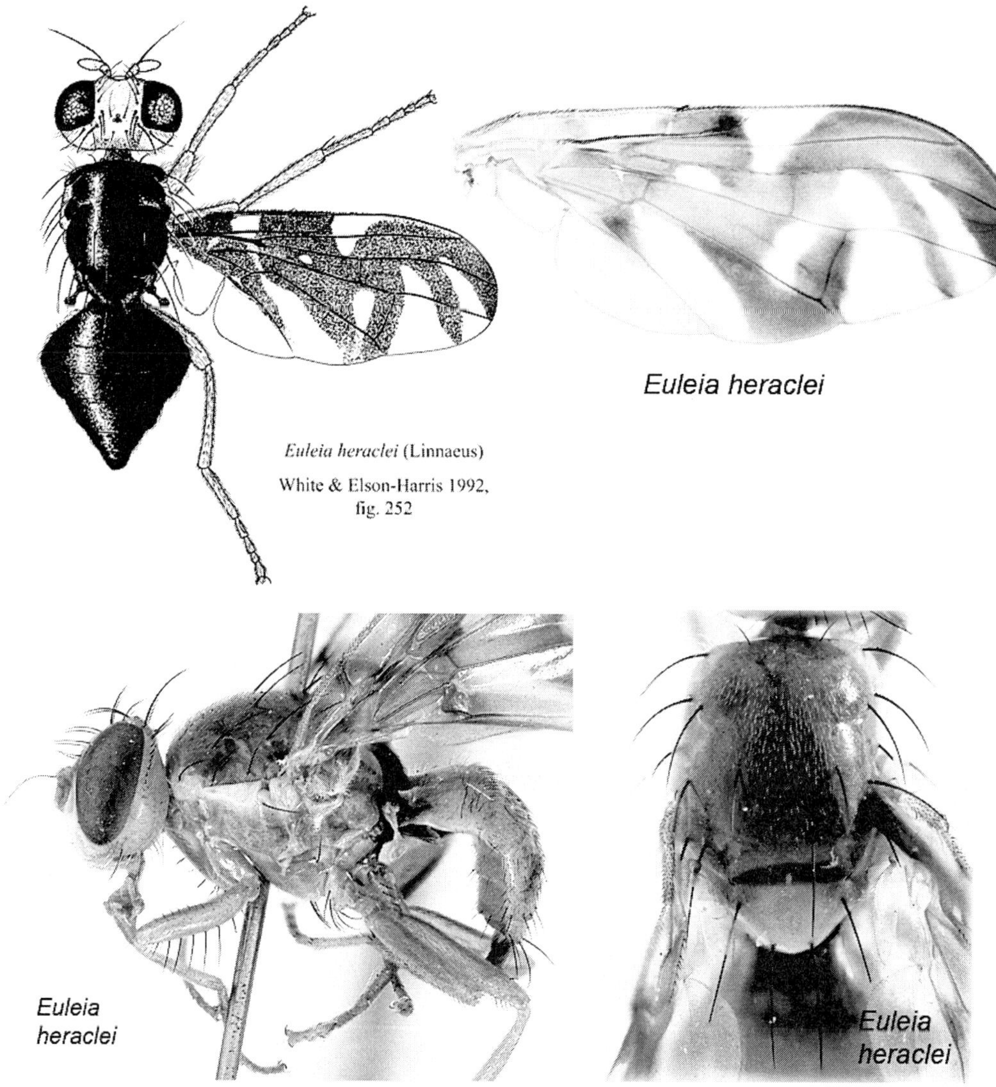

그림 71. 셀러리과실파리(*Euleia heraclei*), 암컷. Drawing from White & Elson-Harris (1992). & Photos courtesy of Carroll et al., Pest fruit flies of the world, www.delta-intkey.com/ffa/index.htm (as of 2019/11).

72. *Euphranta canadensis* (Loew, 1873)

국명: 커런트과실파리

영명: Currant fruit fly

아과/족: Trypetinae: Adramini

Trypeta canadensis Loew 1873: 235. – Canada. HT ♀ MCZ.
Epochra lunifera Hering 1940: 5. – USA. Washington: Sumner. HT ♀ BMNH.

검역해충 등급제안: 관리해충 - **기존등급**: 관리해충

등급분류 근거: 국내에서도 커런트류가 재배되며, 같은 속의 까치밥나무가 자생한다. 따라서 북미에 서식하는 이 해충의 도입 시 정착할 가능성이 있으므로, 관리등급을 유지할 필요가 있다.

진단형질: 이 종은 전체적으로 황갈색이며, 흑색~흑갈색의 센털과 털을 지니고 있다. 센털의 배열 및 모양은 전형적인 과실파리의 특성을 보이나, 날개의 패턴으로 다른 분류군들과 구분 가능하다.

성충형질: 중형의 과실파리로서, 몸체가 전체적으로 황갈색이며 센털과 털은 흑색~흑갈색이다. 머리에는 길고 강한 3쌍의 이마센털과 1쌍의 안와센털이 있으며, 홑눈센털은 매우 짧게 축소되어 있다. 가슴은 전형적인 과실파리의 센털 구성을 가지고 있으며, 작은방패판에는 2쌍의 센털이 있는데, 말단센털은 중간에 서로 가로질러 있다. 날개는 투명하며, 전연문(pterostigma)에서 bcu맥실의 말단부까지 갈색 세로띠가 있으며, R-M맥을 통과하는 넓은 중앙 세로띠가 날개 전단부에서 말단부로 꺾여져 이어지며, M맥을 바로 지나 끝난다. 이 세로띠는 r_{4+5}맥실 에서 시작하여 RM-Cu맥을 통과하는 세로띠와 날개 후단부에서 합쳐진다. 암컷의 산란통은 매우 길어서 앞쪽 복부와 길이의 3/4정도에 이른다.

유충형질: 자료 없음.

숙주범위: 커런트류(*Ribes* spp.).

가해 가능한 국내작물: 커런트류(*Ribes* spp.).

분포: 미국, 캐나다.

유인제: 알려지지 않음.

DNA 바코드: 2019년 10월 현재 BOLD 데이터베이스에서 8개의 바코드를 찾을 수 있다. 계통분석 시 단일 클러스터를 이루므로, 0.5% 이내의 바코드 거리로 쉽게 구분될 수 있다. 이 종으로 BOLD 데이터베이스에 기록된 "TEPH014-07"은 *Euaresta* sp.의 오염으로 사료된다.

그림 72. 커런트과실파리(*Euphranta canadensis*), 암컷. Photo by H.-Y. Han.

73. *Plioreocepta poeciloptera* (Schrank, 1776)

국명: 아스파라거스과실파리(신칭)

영명: Asparagus fly

아과/족: Trypetinae: Zaceratini

Musca poeciloptera Schrank 1776: 96. — Austria. Linz. T A Unknown.
Ortalis fulminans Meigen 1826: 275. — Germany. Berlin. HT ♀ MNHNP.

검역해충 등급제안: 금지해충 제3급 53위 - **기존등급:** 관리해충

등급분류 근거: 유럽에서 아스파라거스의 주요 해충이다. 한국에서 아스파라거스 재배가 증가추세이며, 온대지역 분포 해충이므로 금지과실파리로 격상할 필요가 있다.

진단형질: 이 종은 전체적으로 흑갈색이 우세하며 머리와 다리 부분은 갈색~황갈색이다. 특이한 날개무늬로서 쉽게 구분 가능하다.

성충형질: 중형의 과실파리로서, 전체적으로 흑갈색이 우세하며 머리와 다리 부분은 갈색~황갈색이다. 센털과 털은 흑갈색이다. 더듬이의 끝부분이 뾰족하며, 3쌍의 이마센털, 2쌍의 안와센털을 지닌다. 방패판은 거의 흑갈색이며, 어깨돌기와 작은방패판은 약한 옅은 색이다. 작은방패판은 2쌍의 센털이 있다. 다리는 전체적으로 황갈색~갈색이다. 날개는 그림과 같은 독특한 패턴이 있다. 산란통은 바로 앞 2개의 배마디보다 약간 길다.

유충형질: White & Elson-Harris (1992) 190쪽 참조.

숙주범위: 아스파라거스.

가해 가능한 국내작물: 아스파라거스.

분포: 아프리카, 인도, 스리랑카, 네팔, 부탄, 미얀마, 중국 남부, 대만, 홍콩, 태국, 베트남, 캄보디아, 라오스, 하와이, 마리나제도, 타이티.

유인제: Methyl eugenol.

DNA 바코드: 영국과 스웨덴에서 남쪽으로는 불가리아에 이르는 유럽 중부에 주로 서식하며, 동쪽으로는 중앙아시아까지 분포함.

그림 73. 아스파라거스과실파리(*Plioreocepta poeciloptera*) 암컷(왼쪽), 수컷(오른쪽). Drawing from White & Elson-Harris (1992). Photos by H.-Y. Han.

인용문헌

Allwood A.J., Chinajariyawong A., Kritsaneepaiboon S., Drew R.A.I., Hamacek E.L., Hancock D.L., Hengsawad C., Jipanin J.C., Jirasurat M., Krong C.K., Leong C.T.S., Vijaysegaran S. 1999. Host plant records for fruit flies (Diptera: Tephritidae) in Southeast Asia. Raffles Bulletin of Zoology. 47(Supplement 7): 1-92.

Animal and Plant Quarantine Agency, Korea. List of Prohibited Quarantine Pests. http://www.qia.go.kr (as of November, 2019). [in Korean]

Armstrong K.F., Ball S.L. 2005. DNA barcodes for biosecurity: invasive species identification. Philosophical Transactions of the Royal Society B: Biological Sciences 360(1462): 1813-1823.

BOLD Systems. Barcode of Life Data Systems, v.4. http://www.boldsystems.org/ (as of November, 2019).

CABI. Invasive Species Compendium, *Bactrocera tryoni* (Queensland fruit fly). https://www.cabi.org/isc/datasheet/17693 (Last modified on 31 October 2018).

Carroll L.E., White I.M., Freidberg A., Norrbom A.L., Dallwitz M.J., Thompson F.C. Pest fruit flies of the world, www.delta-intkey.com/ffa/index.htm (as of November, 2019).

Catalogue of Life. https://www.catalogueoflife.org/ (as of November, 2019).

De Meyer M., Delatte H., Mwatawala M., Quilici S., Vayssières J., Virgilio M. 2015. A review of the current knowledge on *Zeugodacus cucurbitae* (Coquillett) (Diptera, Tephritidae) in Africa, with a list of species included in *Zeugodacus*. ZooKeys 540: 539-557.

Drew R.A.I., Romig M.C. 2010. Fruit Flies, Biology, Biosecurity, Pest Management, Taxonomy. International Centre for the Management of Pest Fruit Flies. Griffith University, Brisbane, Australia.

Drew R.A.I., Romig M.C. 2013. Tropical Fruit Flies of South-East Asia. CAB International, Wallingford, UK.

Han H.Y. 1998. A list of the reported host plants of the tribe Trypetini (Diptera: Tephritidae). Korean Journal of Entomology 28(4): 355-368.

Han H.Y. 2019. Ten species of the subfamily Tephritidae (Insecta: Diptera: Tephritidae) newly recorded in Korea. Journal of Species Research 8: 294-312.

Han H.Y., Choi D.S., Ro K.E. 2017. Taxonomy of Korean *Bactrocera* (Diptera: Tephritidae: Dacinae) with review of their biology. Journal of Asia-Pacific Entomology 20: 1321-1332

Han H.Y., Kwon Y.J. 2000. Family Tephritidae. Economic Insects of Korea 3. Insecta Koreana Supplement 10, 113 pp.

Han H.Y., Ro K.E. 2005. Molecular phylogeny of the superfamily Tephritoidea (Insecta: Diptera): new evidence from the mitochondrial 12S, 16S, and COII genes. Molecular Phylogenetics and Evolution 34, 416-430.

Han H.Y., Ro K.E., 2016. Molecular phylogeny of the superfamily Tephritoidea (Insecta: Diptera) reanalyzed based on expanded taxon sampling and sequence data. Journal of Zoological Systematics and Evolutionary Research 54: 276–288.

Han H.Y., Ro K.E. 2018. Discovery of a naturally occurring individual of Acanthiophilus helianthi (Rossi) (Diptera: Tephritidae) in Korea, a managed quarantine pest by the Korean Animal and Plant Quarantine Agency. Journal of Asia-Pacific Entomology 21: 1262–1267.

Hancock D.L., Hamacek E.L., Lloyd A.C., Elson-Harris M.M. 2000. The distribution and host plants of fruit flies (Diptera: Tephritidae) in Australia. Department of Primary Industries, Queensland, Information Series Q199067 1-75.

Kim C.W. 1971. Structure of Diptera, pp. 615-628, In: Kim C.W. et al. (co-authors), Illustrated Encyclopedia of Fauna and Flora of Korea, Vol. 12, Insecta (IV). Ministry of Education, Korea. [in Korean]

Kim Y.K., Kim D.S., Park K.C., Han H.Y. 2017. Security System Manual Against Invasion of High Risk Fruit Fies. Hongreung Science Press, Seoul, Korea. [in Korean]

Kim Y.K., Kim D.S., Park K.C., Han H.Y. 2018. Security System Manual Against Invasion of High Risk Fruit Fies (II). Hongreung Science Press, Seoul, Korea. [in Korean]

Kim Y.K., Kim D.S., Park K.C., Han H.Y. 2019 (in press). Security System Manual Against Invasion of High Risk Fruit Fies (III). Hongreung Science Press, Seoul, Korea. [in Korean]

Krivosheina M.G., Ozerova N.A. 2016. To the biology of celery fly *Euleia heraclei* (Linnaeus, 1758) (Diptera: Tephritidae) — pest of alien Apiaceae species in Moscow Region. Russian Entomological Journal 25: 209-213.

Leblanc L., Vueti E.T., Drew R.A.I., Allwood A.J. 2012. Host plant records for fruit flies (Diptera: Tephritidae: Dacini) in the Pacific Islands. Proceedings of the Hawaiian Entomological Society 44: 11–53.

Liang G.Q., Hancock D.L., Xu W., Liang F. 1993. Notes on the Dacinae of southern China (Diptera: Tephritidae). Journal of the Australian Entomological Society 32, 137-140.

Norrbom A.L, Korytkowski C.A., Zucchi R.A., Uramoto K., Venable G.L., McCormick J., Dallwitz M.J., Anastrepha and Toxotrypana, Descriptions, Illustrations, and Interactive Keys. https://www.delta-intkey.com/anatox/index.htm.

Norrbom A.L., Carroll L.E., Thompson F.C., White I.M., Freidberg A., 1999. Systematic database of names. In: Thompson, F.C. (Ed.), Fruit Fly Expert System and Systematic Information Database, Diptera Data Dissemination Disk 1 & Myia. pp. 65–251.

Plant Health Australia. 2016. The Australian Handbook for the Identification of Fruit Flies, version 2.1. Plant Health Australia. Canberra, ACT.

Schutze M.K., Aketarawong N., Amornsak W., Armstrong K., Augustinos A.A., Barr N., Bo W., Bourtzis K., Boykin L.M., Cáceres C., Cameron S.L., Chapman T.A., Chinvinijkul S., Chomic A., de Meyer M., Drosopoulou E., Englezou A., Ekesi S., Gariou-Papalexiou A., Geib S.M., Hailstones D., Hasanuzzaman M., Haymer D., Hee A.K.W., Hendrichs J., Jessup A., Ji, Q., Khamis F.M., Krosch M.N., Leblanc L., Mahmood K., Malacrida A.R., Mavragani-Tsipidou P., Mwatawala M., Nishida R., Ono H., Reyes J., Rubinoff D., Sanjose M., Shelly T.E., Srichachar S., Tan K., Thannaphum S., Haq I., Vijaysegaran S., Wee S.L., Yesmin F., Zacharopoulou A., Clarke A.R. 2015. Synonymization of key pest species within the *Bactrocera dorsalis* species complex (Diptera: Tephritidae): taxonomic changes based on 20 years of integrative morphological, molecular, cytogenetic, behavioral, and chemoecological data. Systematic Entomology 40: 456-473.

Vargas R.I., Pinero J.C., Leblanc L. 2015. An overview of pest species of Bactrocera fruit flies (Diptera: Tephritidae) and the integration of biopesticides with other biological approaches for their management with a focus on the Pacific region. Insects 6: 297-318.

Virgilio M., Jordaens K., Verwimp C., White I.M., De Meyer M. 2015. Higher phylogeny of frugivorous flies (Diptera, Tephritidae, Dacini): Localised partition conflicts and a novel generic classification. Mol. Phylogenet. Evol. 85, 171-179.

White I.M., Headrick D.H., Norrbom A.L., Carroll l.E. 1999. Glossary. In: Aluja M. & Norrbom A. (eds) Fruit flies (Tephritidae): Phylogeny and Evolution of Behavior. CRC Press, Boca Raton, 881–924.

White I.M., Elson-Harris M.M. 1994. Fruit Flies of Economic Significance: Their Identification and Bionomics. CAB International. Oxon, UK. 601 pp.

찾아보기

영 문

찾아보기

국 문

저자소개

한호연 hyhan@yonsei.ac.kr

강원도 원주시 흥업면 연세대길 1 연세대학교 미래캠퍼스
생명과학기술학부 생물계통분류학 연구실

노경의 kero@yonsei.ac.kr

강원도 원주시 흥업면 연세대길 1 연세대학교 미래캠퍼스
생명과학기술학부 생물계통분류학 연구실

정가 17,000원

한국의 검역상 중요한 과실파리 등급분류 제안 및 도해집

2019년 12월 10일 초판 인쇄
2019년 12월 20일 초판 발행
저 자 : 한호연 · 노경의
발행자 : 송 준
발행처 : 홍릉과학출판사
주 소 : 서울시 강북구 인수봉로 50길 10
01093
등 록 : 1976년 10월 21일 제5-66호
전 화 : (02) 999-2274~5, 903-7037
팩 스 : (02) 905-6729
e-mail: hongpub@hongpub.co.kr
http://www.hongpub.co.kr
ISBN: 979-11-5600-712-8

저자와의 협의하에 인지생략